WIND-SCHIFFE

WIND-SCHIFFE

Dr.-Ing. Helmut Risch
Jochen Bertholdt

VEB VERLAG TECHNIK BERLIN

Text: Dr.-Ing. *Helmut Risch*
Ingenieurhochschule für Seefahrt Warnemünde/Wustrow
Illustrationen: *Jochen Bertholdt*
Verband Bildender Künstler der DDR

Risch, Helmut:
Windschiffe/Helmut Risch; Jochen Bertholdt.
– 1. Aufl. – Berlin: Verl. Technik, 1988. –
84 S.: 126 Bilder, 1 Taf.
ISBN 3-341-00476-9
NE: Bertholdt, Jochen:

ISBN 3-341-00476-9

1. Auflage

Lizenz 201 · 370/66/88
Printed in the German Democratic Republic
Gesamtherstellung: Druckkombinat, Berlin
Lektor: Obering. *Manfred Neumann*
Einband und Vorsatzpapier: *Jochen Bertholdt*
Typographie: *Horst Bünger*
LSV 3449 · VT 2/5837-1
Bestellnummer: 553 879 5
[redacted]

Vorwort

Die Fülle von Informationen über die Nutzung des Windes zum Antrieb von Schiffen in unserer Zeit, die Vielfalt der dabei verwendeten technischen Lösungen und die vielfältigen Gedanken über die zukünftigen Möglichkeiten der Windnutzung gaben den Anlaß für dieses Buch. Dazu kamen jahrelange eigene Erfahrungen beim Umgang mit dem Wind als zwar nicht immer kalkulierbare, aber dennoch gewaltige und umweltfreundliche Energiequelle für den Vortrieb von Booten und Schiffen.

In Wort und Bild soll der Leser einen Einblick bekommen, welche physikalischen Prinzipien wirken, welche Zusammenhänge zu beachten sind und wie vom Wind angetriebene Schiffe aufgebaut sind oder aussehen könnten. In einigen Fällen wurde das theoretische Fundament etwas weiter ausgebaut. Das soll als Hinweis darauf verstanden werden, daß die ingenieurtechnischen Grundlagen weitgehend vorhanden sind.

Das Buch ist nicht vollständig. Das betrifft die dargestellten Projekte und schon gebauten Schiffe ebenso wie den Blick in die Zukunft. Es bleibt Raum für weitere aktuelle und perspektivische Lösungen.

Die Bilder nehmen etwa die Hälfte des Buchumfanges ein. Die Entscheidung, sie alle zu zeichnen und auf die Wiedergabe von Fotos zu verzichten, wurde im Hinblick auf eine grafische Geschlossenheit getroffen.

Sollte das Buch im Kreis der technisch und maritim interessierten Leser seine Freunde finden, ist das auch dem umsichtigen Lektor des Verlages, Herrn Obering. *Neumann*, und dem Gutachterkollektiv unter Leitung von Herrn Dipl.-Ing. *Alps* zu verdanken.

Dr.-Ing. *Helmut Risch*
Jochen Bertholdt

Inhaltsverzeichnis

Schiffahrt und Wind

Bis in die zweite Hälfte des 19. Jahrhunderts beherrschten die großen Segelfrachtschiffe den Handel und den Passagierverkehr auf den Weltmeeren. Im Verlauf von fast 400 Jahren erlebten sie eine gewaltige Entwicklung in ihrer Größe und technischen Vollkommenheit. Als Höhepunkt und gleichzeitig als Abschluß der großen Rahsegler können die stählernen Segelschiffe gelten, die sich noch in den ersten 30 Jahren des 20. Jahrhunderts gegen eine übermächtige Konkurrenz der Dampfschiffe ökonomisch behaupten konnten. Einiges mehr über diese Schiffe und die mit ihnen gemachten Erfahrungen ist im Abschnitt „Über die Nutzung der Windenergie" nachzulesen.

Mit Segelschiffen wurden die wichtigsten großen Entdeckungsreisen unternommen. Millionen von Menschen haben mit ihnen, freiwillig oder unfreiwillig, Ozeane überquert, um neue Lebensräume zu besiedeln. Viele Millionen Tonnen Güter haben den Weg über die Meere genommen. Dieser Prozeß ging einher mit der gewaltsamen Kolonisation und Ausplünderung großer Landgebiete, dem Sklavenhandel oder der erzwungenen internationalen Arbeitsteilung. Der Anteil dieses Seehandels an der Herausbildung der kapitalistischen Produktionsweise ist erheblich. Der Drang nach Profit hat insbesondere im 19. Jahrhundert zur Entwicklung der Segelschiffe beigetragen. Die berühmten Teeklipper, die in kürzestmöglichen Zeiten die neue Tee-Ernte von China nach England zu transportieren hatten, gelten noch heute als rasante und schnelle Segler [1]. Die mit ihnen erreichten Durchschnitts- und Höchstgeschwindigkeiten galten lange als unübertreffbar.

Der Wind war in diesen Zeiten Freund und Feind des Seemannes. Bei günstiger Ausnutzung versprach er eine schnelle Heimreise und gute Heuer. Wurde er aber zu stark, türmte er dabei meterhohe Wellen auf und brachte die Strömung ganzer Seegebiete in Bewegung, so konnte er den mit hohem Risiko segelnden Schiffen zum Verhängnis werden. Die Anzahl der gescheiterten Segelschiffe und der auf See gebliebenen Seeleute wird nie zu übersehen sein. Sie sind die Tragik der großen Segelschiffstradition.

Der Wind ist auch heute noch ein wesentlicher Faktor bei der Abwicklung des modernen Seeverkehrs. Er veranlaßt nicht selten die Kapitäne, einen anderen als den kürzesten Kurs zu fahren oder sogar Landschutz aufzusuchen. Der Wind übt gewaltige Kräfte auf ein Schiff aus. Er schiebt oder bremst, und bei seitlichem Einfall erfordert er oft einen großen Ruderausschlag, um auf dem vorgegebenen Kurs fahren zu können. Vom Wind hängen der windbedingte Seegang und die Dünung ab, die wiederum die Fahrt eines Schiffes erheblich beeinflussen und Ursache für starke Schiffsbewegungen sind. Insbesondere die durch den Seegang hervorgerufenen Stampf- und Rollbewegungen beeinflussen viele Faktoren des Seeverkehrs wesentlich. Schließlich sind auch die meisten örtlichen oder großräumigen Meeresströmungen eine direkte oder indirekte Folge des Windes.

In den sechziger und siebziger Jahren des 20. Jahrhunderts schien es, als hätten der Wind und seine Folgeerscheinungen auf die Schiffahrt keinen wesentlichen Einfluß mehr. Motoren mit großer Leistung wurden installiert, um Wind und Seegang in allen Situationen zu trotzen. Die aerodynamisch günstige Form des Überwasserschiffes und der Decksaufbauten wurden technologischen Gesichtspunkten untergeordnet. Wahre Hochhäuser auf Schiffen waren keine Seltenheit. Von hydrometeorologisch günstiger Kursführung war kaum die Rede. Alles deutete darauf hin, daß durch den Überfluß an flüssigen Energieträgern auf der Basis des Erdöles dieser Prozeß ungehindert weitergetrieben werden kann. Die Treibstoffkosten machten nur etwa 10 bis 12 % der Gesamtbetriebskosten eines Schiffes aus. Der stärkste Kostenanstieg konnte bei den Besatzungskosten beobachtet werden. Er hatte schon 40 % und mehr erreicht. Die Folge waren Schiffskonzeptionen mit minimaler Besatzung, vollständig wachfreiem Maschinenbetrieb und immer größeren Dienstgeschwindigkeiten. Der Zwang nach effektivstem Einsatz dieser hochproduktiven Technik zog eine grundlegende Änderung der Hafen- und Umschlagtechnik nach sich. Hohe Dienstgeschwindigkeiten der Schiffe forderten geringe Umschlags- und Hafenliegezeiten. Der Containerverkehr mit all seinen positiven Auswirkungen begann seinen Siegeszug, der bis heute anhält.

Wie ein Schock wirkte sich auf diese Entwicklung die drastische *Erhöhung der Erdölpreise* in den Jahren 1973/1974 aus (Bild 1). Nach dem zweiten Preisanstieg in den Jahren 1980 bis 1982 waren plötzlich andere Kostenverhältnisse entstanden. Daran änderte auch eine gewisse Preissenkung in den Folgejahren nichts. 1985 waren die Erdölpreise immer noch 16fach höher als im Jahre 1970.

Die Hauptursachen für diese Preistendenzen sind die vielfältigen Widersprüche auf den kapitalistischen Rohstoff- und Brennstoffmärkten sowie die Nationalisierung als wichtigste Form der Erlangung der nationalen Souveränität über die natürlichen Ressourcen in den jungen Nationalstaaten. Die Organisation der erdölexportierenden Länder (OPEC) wurde zu einem Machtfaktor und einem Widerpart der Erdölmonopole. Durch die Verflechtung von ökonomischen und politischen Zusammenhängen, durch die großen Sparmaßnahmen aller ölimportierenden Länder sowie durch die Schwankungen des US-Dollar-Kurses sind die Erdölpreise großen Veränderungen unterworfen. An der Grundsituation hat sich jedoch nichts geändert. Die Erdölvorräte der Erde sind begrenzt. Auch bei einer Reduzierung der gegenwärtigen Fördermengen gehen sie in einigen Ländern schon um die Jahrtausendwende zu Ende, falls nicht neue Lagerstätten gefunden werden (z. B. USA, Großbritannien). Für arabische Länder werden noch Vorräte für 100 und mehr Jahre angegeben. Dies läßt eine weitere Zuspitzung der Widersprüche erwarten. Die Preispolitik der OPEC und der Erdölmonopole ist auch im Zusammenhang mit dem Wachstum des gesellschaftlich notwendigen Aufwandes für die Erkundung, Erschließung und Förderung des Erdöles sowie mit einer im Weltmaßstab leichten Verbrauchszunahme zu sehen.

Alle diese Entwicklungen haben die *Energiequelle Wind* wieder mehr in das Blickfeld gerückt. Fragen der wind- und strombedingten energiegünstigen Kurswahl der Schiffe werden stärker beachtet [2]. Es tritt die Frage auf, ob und wie der Wind wieder zum Schiffsantrieb genutzt werden kann.

Ohne den im Abschnitt „Über die Nutzung der Windenergie" geschilderten Bedingungen für die Nutzung des Windes vorgreifen zu wollen, ist klar, daß die Energiequelle Wind nur eine von verschiedenen Alternativenergien zur Einsparung von Schweröl oder

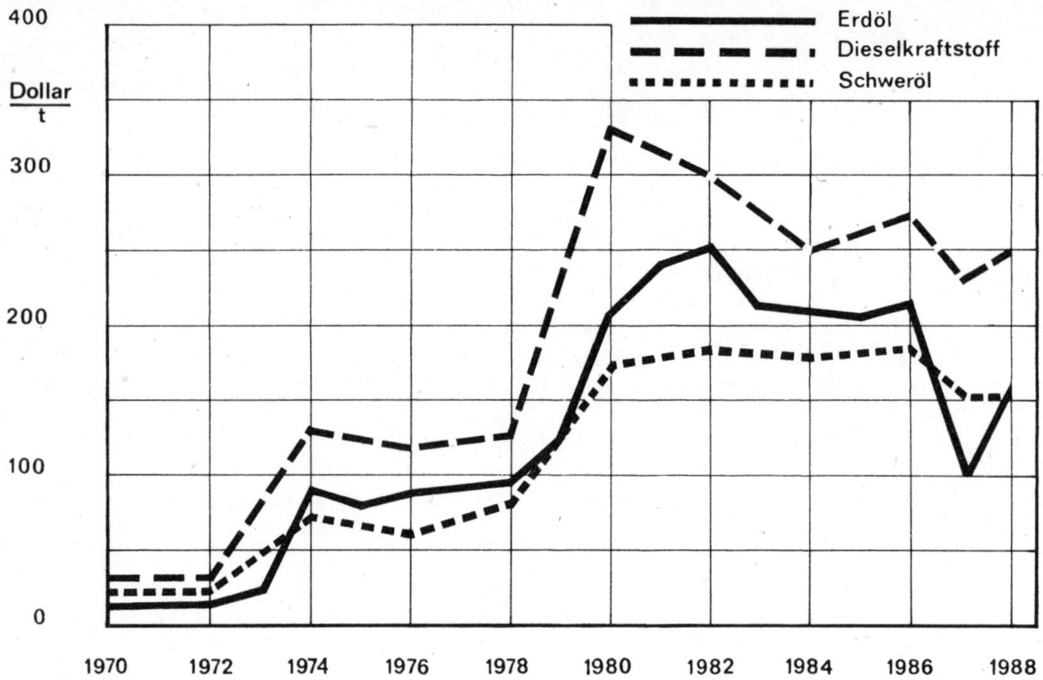

Bild 1. Kostenentwicklung für Erdöl und Treibstoffe

Dieselkraftstoff sein kann. Führende Schiffbauunternehmen begannen sofort, die Konzeption eines „energieoptimalen Schiffes" Wirklichkeit werden zu lassen. Dabei wurden insbesondere solche Kriterien beachtet, wie der minimale Gesamttreibstoffverbrauch je Tonne Transportgut und Seemeile. Das führte zwangsläufig zu einer Reduzierung der Geschwindigkeiten und zu einer ganzen Reihe von technischen Maßnahmen im Motoren-, Hilfsmotoren- und Hilfskesselbetrieb [3].

Für den erneuten Einsatz von *Kohle* spricht im Rahmen kurz- und mittelfristiger Energieanwendungskonzeptionen der günstigere Kohlepreis auf dem Weltmarkt. Obwohl auch die Kohlepreise stärker als andere Schiffsbetriebskosten gestiegen sind, betragen die Treibstoffkosten bei kohlegefeuerten Turbinenschiffen mit Leistungen von 10 000 bis 30 000 kW nur etwa die Hälfte der vergleichbaren Kosten von Motorschiffen [4]. Dem stehen aber bis 30 % höhere Baukosten der Schiffe infolge des Kostenunterschiedes zwischen Dampfturbinen- und Dieselmotoranlage gegenüber. Außerdem wird erheblich mehr Stauraum benötigt, da Kohle nur etwa ein Drittel des Heizwertes von Schweröl hat. Schließlich verfügen die meisten Häfen nicht über die nötigen Bunkerungs- und Beschickungsanlagen. Auch der Einsatz von Kohle-Öl-Gemischen trifft auf ähnliche Probleme. Trotzdem könnte es für einige kohleexportierende Länder auf bestimmten Routen (z. B. Fährlinien) günstig sein, die eigenen Schiffe mit Kohle zu betreiben und im Heimathafen mit der für eine Rundreise erforderlichen Menge zu beschikken. Ein Beispiel dafür wurde aus der Volksrepublik Polen für die Fährlinie Swinoujście–Ystad bekannt.

Für die Nutzung anderer Energieträger, z. B. Ethylalkohol und Methanol oder verflüssigtes Erdgas, gibt es bisher noch keine brauchbaren Konzeptionen. Ein bedeutender ökonomischer Effekt läßt sich derzeit nicht absehen.

Die *Kernenergie* bleibt natürlich eine in der Schiffahrt anwendbare Alternativenergie. Ökonomisch effektiv werden die Kernenergieanlagen gegenwärtig aber erst bei einer relativ hohen installierten Leistung von über 40 000 kW und bei ständigem Betrieb. Damit sind sie in ihrer Anwendung offensichtlich an neue Transporttechnologien gebunden.

Dazu kommt, daß das genehmigungspflichtige Anlaufen von Häfen und Passieren von Durchfahrten und Kanälen ein großes Problem ist. Die Sicherheitsbestimmungen der Hafenstaaten sind diesbezüglich teilweise extrem. In vielen Fällen wird aus Rücksicht auf Umweltinitiativen in der Bevölkerung das Einlaufen bzw. Passieren generell verboten. Da solche Entscheidungen kurzfristig fallen können, ist eine Orientierung auf die Kernenergie mit einem hohen Risiko verbunden.

Trotzdem bleibt die Nutzung der Kernenergie für bestimmte Aufgaben und Routen (z. B. Eisbrecher) eine sinnvolle Möglichkeit, um Erdölprodukte zu sparen.

Die von Reedern in aller Welt eingeleiteten *Sparmaßnahmen* für vorhandene Schiffe mit Motoranlagen stellen sich aus heutiger Sicht folgendermaßen dar: Oft wird langsamer gefahren als im Schiffsprojekt vorgesehen. Nur bei extrem hochwertigen Gütern, die in der schnellstmöglichen Zeit am Zielhafen sein müssen, sind heute noch Geschwindigkeiten von über 20 kn üblich. Ansonsten sind Geschwindigkeiten von 15 bis 18 kn normal. Massengüter werden in einigen Fällen mit nur noch 12 kn transportiert. Es sei allerdings darauf verwiesen, daß der damit verbundene Teillastbetrieb der Motoren bei älteren in Betrieb befindlichen Schiffen Probleme im Maschinenbetrieb herbeiführen kann.

Schweröl-Wasser-Emulsionen werden auch für den Betrieb von Schiffsdieselmotoren eingesetzt und wirken sich zumindest bei Motoren älterer Typen als treibstoffsparend und nachgewiesenermaßen nicht nachteilig aus. Generell wird versucht, den Dieselkraftstoff dort, wo er noch für den Hauptmotor oder für Hilfsmotoren eingesetzt wird, durch das billigere Schweröl zu ersetzen. Obwohl für den Schwerölbetrieb Aufbereitungs- und Vorheizanlagen erforderlich sind, ist er ökonomisch effektiver. Ölrückstände wie Ölkohle und Schlamm werden ebenso wie die Abgaswärme zu Heizzwecken und zum Betreiben der Hilfskessel verwendet.

Der Betrieb der Motoren wird ständig optimiert. Dazu gehört die ständige Überwachung des Motorenverschleißzustandes und seiner Betriebsparameter sowie des Treibstoffverbrauches mit Hilfe verbesserter Meßmethoden. Vorhandene Propeller werden in ihrer Oberfläche geglättet. Durch Verwendung von selbstglättenden Antifouling-Anstrichen wird eine erhebliche Verringerung des Reibungswiderstandes der Außenhaut nach längeren Fahrzeiten erreicht. In einigen Fällen wurden gute Ergebnisse mit Propellerumrüstungen erreicht, wobei Zulaufdüsen eine Rolle spielten. Auch das Grimsche Leitrad, das durch Nutzung der Rotationsenergie im Propellernachstrom zur Erhöhung des Propellerwirkungsgrades beiträgt, findet immer mehr Anwendung [5].

Die genannten Maßnahmen werden ergänzt durch das Auffinden und Einhalten der jeweils *günstigsten Schwimmlage* des Schiffes in Längsrichtung, durch die *Kursoptimierung* mittels automatischer Navigations- und Kollisionsverhütungsanlagen, durch die *Wetterroutung* (energiegünstige Kurswahl unter Beachtung des Wetters) und durch die *Flottenzulaufsteuerung.* Die letztgenannte Methode geht davon aus, ein Schiff nur so schnell fahren zu lassen, daß es zum vertraglich vereinbarten Lösch- bzw. Ladezeitpunkt im Zielhafen ist [6]. Es hat wenig Sinn, mit Höchstgeschwindigkeit zum Bestimmungshafen zu fahren und dort tage- oder wochenlang auf Reede zu liegen, bis ein Hafenliegeplatz frei ist. Das mit der Zulaufsteuerung verbundene Vertragssystem ist jedoch mit erheblichen Problemen verbunden. Eine weltweite Anwendung ist daher noch nicht abzusehen. Aber schon die Anwendung beim Anlaufen des Heimathafens bringt erheblichen Gewinn.

Die wichtigsten Sparmaßnahmen bei Schiffsneubauten erstrecken sich unter anderem auf das Auffinden widerstandsgünstigerer Schiffsformen, auf den Einsatz langsamlaufender Zweitakt-Langhub-Kreuzkopfmotoren mit einem um rd. 20 % niedrigeren spezifischen Treibstoffverbrauch und hoher Schwerölverträglichkeit sowie auf umfassende Maßnahmen zur Verbesserung der Propulsion bis hin zur Gestaltung eines asymmetrischen Achterschiffes [7]. In alle diese Möglichkeiten der Treibstoffeinsparung hat sich der Windantrieb einzuordnen. Einige der genannten Maßnahmen werden mit der Nutzung des Windes komplex eingesetzt und bringen erst so den gewünschten Effekt.

Bevor konkrete Aussagen über die Nutzung des Windes zum Schiffsantrieb gemacht werden, soll der Wind noch einmal als Energiequelle für sich betrachtet werden. Der Wind ist eine Folge der durch die Sonneneinstrahlung und die Temperaturunterschiede des Landes, des Wassers und der Luft entstehenden Tiefdruck- und Hochdruckgebiete in der Atmosphäre. Der Druckausgleich zwischen diesen Gebieten unterschiedlichen Luftdruckes und verschiedener Dichte wird durch die Reibung der sich bewegenden Luft an der Land- bzw. Wasseroberfläche sowie durch die Folgen der Erdrotation beeinflußt. Die Druckgebiete bewegen sich in der Regel mit einer bestimmten Geschwindigkeit, können aber auch über längere Zeit ortsfest sein. Als Wind wird meistens die horizontale Strömung der Luft verstanden, obwohl der vertikale Luftaustausch erheblich ist und zur Erklärung vieler Windphänomene herangezogen werden muß. Die Beschreibung der Entstehung des Windes, die Vorhersage seiner Richtung und Geschwindigkeit aus den Isobaren (Orte gleichen Druckes) in verschiedenen Höhen und den Stationsmeldungen sowie die Erläuterung globaler und lokaler Windsysteme sind gut entwickelt. Es gibt dafür umfangreiche Erfahrungen und immer bessere mathematische Modelle, die im Zuge der Entwicklung immer leistungsfähigerer Computer mehr und mehr in die Windvorhersage einbezogen werden. Bezüglich der täglichen

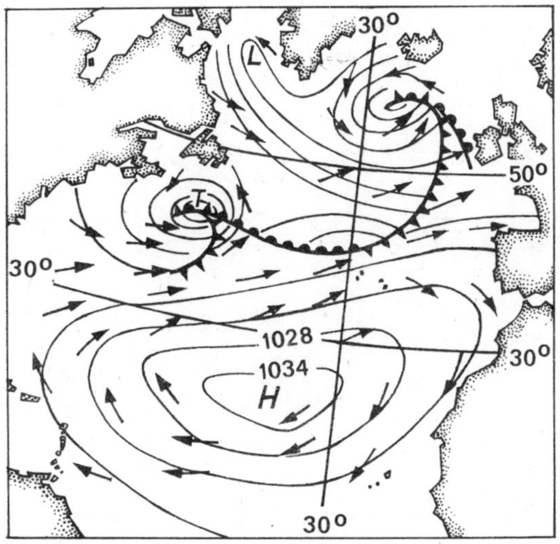

Bild 2. Typische Druck- und Windverteilung im Sommer im Nordatlantik, nach [8]

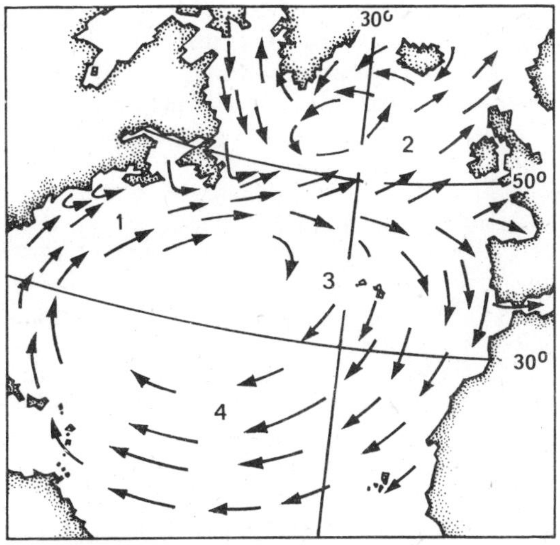

Bild 3. Mit den Windverhältnissen verbundene Meeresströmungen, nach [8]

1 Golfstrom; *2* nordatlantische Strömung; *3* Azorenstrom; *4* nördliche subtropische Strömung

oder stündlichen Windvorhersage für einen bestimmten Ort bleibt das Windsystem aber ein Zufallsprozeß. Windgeschwindigkeiten und Windrichtungen sind für viele Orte und Gebiete im Jahres- oder Monatsmittel statistisch erfaßt. Aus Zusammenstellungen der Meßwerte vieler Jahrzehnte kann entnommen werden, mit welcher Wahrscheinlichkeit in einem bestimmten Gebiet welche Windrichtung und welche Windstärke herrschen.

In großen Seegebieten herrschen zu bestimmten Jahreszeiten typische Wettersituationen vor (Bilder 2 und 3). Anhand sol-

Bild 4. Wichtigste Warenströme auf den Weltmeeren, nach [9]

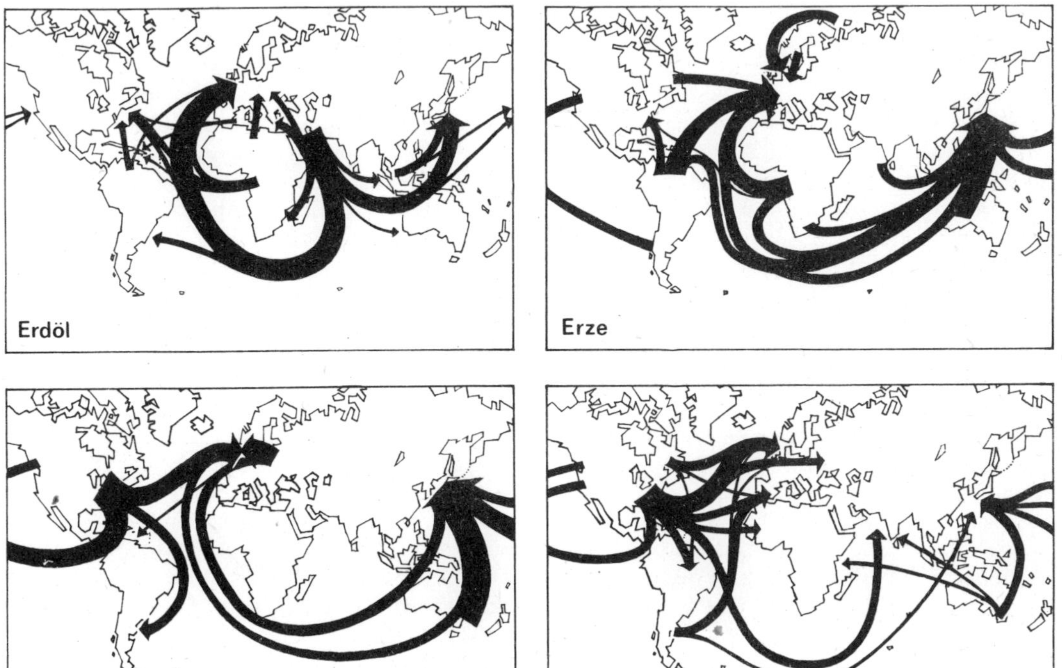

cher Erfahrungen und der gerade herrschenden Großwetterlage ist es gut möglich, eine *Routenplanung* vorzunehmen. Dazu kommt, daß eine ganze Reihe von Seewetterämtern für die ihnen zugeordneten Seegebiete oder auch darüber hinaus täglich mehrmals Ozeanwetterberichte aussendet. Schließlich sind auch viele Schiffe in der Lage, die Wolkenfotos der geostationären Wettersatelliten, die alle halbe Stunde ausgestrahlt werden, zu empfangen und für die Windvorhersage zu nutzen.

Die günstigsten Klimawege für windgetriebene Schiffe, aber auch für Motorschiffe, sind im Zusammenhang mit den wichtigsten Warenströmen auf den Weltmeeren zu sehen (Bild 4). Es fällt auf, daß zumindest für Erze, Getreide und Kohle diese Hauptströme mit den vorherrschenden Hauptwind- und -stromrichtungen weitgehend zusammenfallen. Bild 5 zeigt typische Klimawege für Segel- und Motorschiffe. Solche Klimawege wurden schon in der zweiten Hälfte des 19. Jahrhunderts aufgrund systematischer Betrachtungen von Schiffsoffizieren und Kapitänen als Routen empfohlen. Es ist das Verdienst des amerikanischen Forschers *Matthew Fontaine Maury*, Beobachtungen von Schiffen gesammelt und ausgewertet zu haben. Heute gilt *Maury* als einer der Väter der Hydrographie und Ozeanographie. Besondere Verdienste gebühren aber auch der 1868 gegründeten Norddeutschen Seewarte und ihrem Gründer *Wilhelm von Freeden* aus Elsfleth. Die Norddeutsche Seewarte und ihre Nachfolgeinstitutionen Deutsches Hydrographisches Institut Hamburg und Seewetteramt Hamburg haben im Sinne Maurys weitergearbeitet [11]. Eine große Anzahl deutscher Segelschiffskapitäne und Schiffsoffiziere hat von dieser Institution ab 1870 konkrete Unterlagen und auszufüllende Fragespiegel erhalten, die nach Ende der Reise ausgewertet und in die Statistik eingearbeitet wurden. So entstand ein umfangreicher Wetteratlas für alle wichtigen Seegebiete. Die dort empfohlenen Routen verkürzten die Reisezeit oftmals bis zu 30 %, obwohl die vorgeschlagenen Wege häufig länger waren als die bis dahin üblichen. Die konkreten Ursachen dafür werden dem Leser nach Kenntnis des Abschnittes „Windantriebsanlagen auf Schiffen" klarer werden.

Die modernen Methoden der meteorologischen Navigation durch weltweite Wetterüberwachung und das Nachrichtenwesen würden es heute erlauben, die Kurse windgetriebener Schiffe noch effektiver zu wählen. Durch das Umfahren von Schlechtwettergebieten auf eine solche Weise, daß hohe, aber nutzbare Windgeschwindigkeiten aus vortriebsgünstigen Richtungen zur Verfügung stehen, und durch das Meiden von Gebieten mit schlecht nutzbarem Wind werden gegenüber der traditionellen Segelschiffahrt große Reserven offenbar. Die Seegebiete mit beständigen Winden zwischen 6 und 12 m/s sind weit verbreitet. Allein die NO- und SO-Passate einschließlich der asiatischen Monsungebiete nehmen den überwiegenden Teil der Meeresfläche ein. Die von den Segelschiffskapitänen gefürchteten Kalmenzonen (Mallungen) zwischen dem NO- und SO-Passat sind heute durch die Satellitenbilder weitgehend unter Kontrolle. Aus den Wolkenfotos sind die Gebiete mit schwachen, unbeständigen Winden und häufiger Windstille gut zu erkennen und können dadurch mittels des Motorantriebes auf dem kürzesten Wege passiert werden. Die räumlich weiter verbreiteten Kerne der subtropischen Hochdruckgebiete (Roß-Breiten) werden heute ständig auf den Wetterkarten erfaßt und können in ihrer langsamen Bewegung gut verfolgt und vorhergesagt werden. Sie stellen bei einer guten Routenvorausberechnung für ein Windschiff kein wesentliches Problem mehr dar. Wird im Bild 5 beispielsweise der kürzeste Weg vom Englischen Kanal zur Floridastraße entlang einem Großkreis betrachtet, der offensichtlich mit überwiegend vorlichem bis seitlichem Windeinfall und erheblichem Seegang verbunden ist, so wird klar, weshalb Motorschiffe oft den Klimaweg südlich der Azoren wählen. Dort müssen für das ruhigere Wetter allerdings 600 sm Umweg in Kauf genommen werden. Ein mit Routenberatung fahrendes Windschiff findet auf dieser Westroute mit Sicherheit einen kürzeren optimalen Kurs unter der Voraussetzung, daß auch spitze Windeinfallswinkel zum Vortrieb genutzt werden können. Das wird schon durch die klassische Ausreiseroute Europa–Nordamerika der Segelschiffe deutlich. Und im Seegang liegt ein Windschiff durch die dämpfende Wirkung der Windantriebsanlage unter allen Bedingungen ruhiger. Für die Ostroute gibt es dann vorwiegend günstige Windrichtungen.

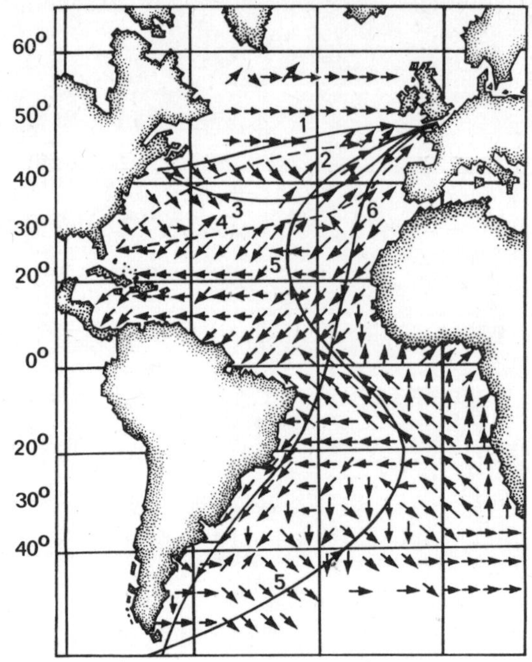

Bild 5. Klimawege für Segel- und Motorschiffe, nach [10]

1 Heimreise der Segelschiffe; *2* kürzester Weg für Motorschiffe; *3* Ausreise der Segelschiffe; *4* Klimaweg für Motorschiffe; *5* Heimreise der Segelschiffe vom Kap Hoorn; *6* Ausreise der Segelschiffe zum Kap Hoorn

Mit dem Wind eng verbunden ist der *Seegang*. Er übt auf ein Schiff einen erheblichen Einfluß aus. Zusammen mit dem Wind kann er eine wesentliche Fahrtminderung des Schiffes bewirken. Bei einem Schiffskurs gegen Wind und Wellen und Windgeschwindigkeiten von 25 m/s beträgt diese Fahrtminderung auch bei einem leistungsstarken Schiff etwa 30 %. Bei weniger leistungsstarken Schiffen und bei sehr großen Stampfbewegungen kann unter solchen Bedingungen die Fahrt vollständig zu Null werden. Das ist für jeden Seemann eine unangenehme Situation, zumal der Anker dann in der Regel auch nicht hält.

Die *Wellen* sind meistens sehr unregelmäßig. Ihr Verhalten wird durch die Ausdehnung des betreffenden Seegebietes, durch die Wassertiefe, durch das zeitlich und örtlich veränderliche Windregime und durch die Meeres- und Gezeitenströme beeinflußt. Trotzdem gibt es allgemeine und für bestimmte Gebiete spezielle charakteristische Merkmale. Wellengeschwindigkeit, Wellenlänge und Wellenfrequenz hängen miteinander zusammen. Oft ist mit diesen Werten auch schon eine Aussage über die mögliche Wellenhöhe gegeben.

Ostseewellen sind selten höher als 2,5 m, gemessen aus dem Wellental, und nicht länger als 30 m. Sturmwellen im Nordatlantik erreichen eine Wellenhöhe von 11 m bei einer Länge von mehr als 300 m. Es gibt Informationen über Wellen im Bereich zwischen 40 und 50° Süd des Atlantischen und des Pazifischen Ozeans im Bereich der ständigen Westwinde, die mit einer Geschwindigkeit von bis zu 40 m/s laufen und dabei 850 m lang und über 20 m hoch sind [12]. Infolge des Einflusses sich verringernder Wassertiefen, durch Meeresströmungen und durch Interferenz verschiedener Wellensysteme kann es zu noch größeren Wellenhöhen kommen, wobei die Wellen in bestimmten Phasen wie senkrechte Hauswände auf ein Schiff stürzen. Es gibt übereinstimmende

Berichte von Weltumseglern, in denen von 35 m hohen Wellengiganten die Rede ist. Der Beweis dafür kann allerdings nicht exakt gebracht werden, da eine solche hohe Wasserwand Sekunden später auf fast jedem Schiff ein Chaos auslöst und ein Gedanke an ein Meßverfahren sofort erstirbt. Da so hohe Wellen nur von kurzzeitigem Bestand sind, werden sie auch von den Stereokameras der Flugzeuge oder Satelliten nicht erfaßt.

Viele Segelschiffskapitäne wissen auch vom Rhythmus der Wellen im Atlantik zu berichten: drei große Seen – sieben kleine – drei große usw. [13]. Das Wende- oder Halsenmanöver mußte während der sieben kleinen Wellen abgewickelt werden, ansonsten war mit Schaden zu rechnen. Exakt konnte auch diese Erscheinung nicht nachgewiesen werden, aber die Beobachtung trügt sicher nicht.

Windschiffe haben in der Regel weniger Schwierigkeiten mit dem Seegang als Motorschiffe, da ihre Windanlagen die Schiffsbewegungen erheblich dämpfen. Da sie aber, wie auch ihre Vorgänger, oft größere Kursänderungen einleiten müssen, um den Wind effektiv nutzen zu können, ist die Beachtung des Seeganges von Bedeutung.

Über die Nutzung der Windenergie

Die Nutzung der Windenergie zum Antrieb von Schiffen ist nur unter Beachtung der derzeitigen und abzusehenden Merkmale und Bedingungen des heutigen Seeverkehrs denkbar. Alle anderen Konzeptionen sind illusionär. Daraus ergibt sich, daß im Vordergrund der Überlegungen das Motorschiff steht, das mit einer Windantriebsanlage zur Einsparung des hochwertigen Treibstoffes ausgerüstet ist. Nur für spezielle Aufgaben in Seegebieten mit sicheren Windverhältnissen sind vorwiegend windgetriebene Schiffe mit Hilfsmotoren denkbar.
Der heutige Seeverkehr ist gekennzeichnet durch eine hohe Planmäßigkeit in der zeitlichen Abwicklung, durch einen dichten Verkehr in Meerengen, Durchfahrten und Kanälen sowie durch teilweise streng reglementierten Richtungsverkehr in engen Fahrwassern. Daraus ergibt sich, daß jedes Schiff im Sturm gegenan voll fahr- und manövrierfähig sein muß. Eine verminderte Fahrtüchtigkeit, etwa durch eine vergleichsweise reduzierte Motorenleistung, kommt ebensowenig in Frage wie tagelanges Warten auf besseres Wetter.
Daraus ergibt sich, daß Windantriebsanlagen sowohl beim Schiffsneubau als auch bei Nachrüstung zusätzliche Kosten verursachen. Die Hilfsmaschinen zum Betrieb der Anlagen bedeuten erhöhten Energiebedarf. Und trotz aller denkbaren Mechanisierung und Automatisierung bringen Windantriebsanlagen überdies erhöhte Anforderungen an die Besatzung mit sich, sowohl im Schiffsmaschinenbetrieb als auch in der Schiffsführung. Deshalb sind die Erfahrungen aus der Tradition leistungsfähiger Segelschiffe nur noch bedingt nutzbar. Aber nutzen muß man sie, soweit sie überhaupt noch vorhanden sind. Als die hohe Zeit der Segelschiffahrt vor 70, 80 Jahren zu Ende ging, war dies kein

Bild 6. Die „Preußen", eines der größten Frachtsegelschiffe der Vergangenheit, nach [11]

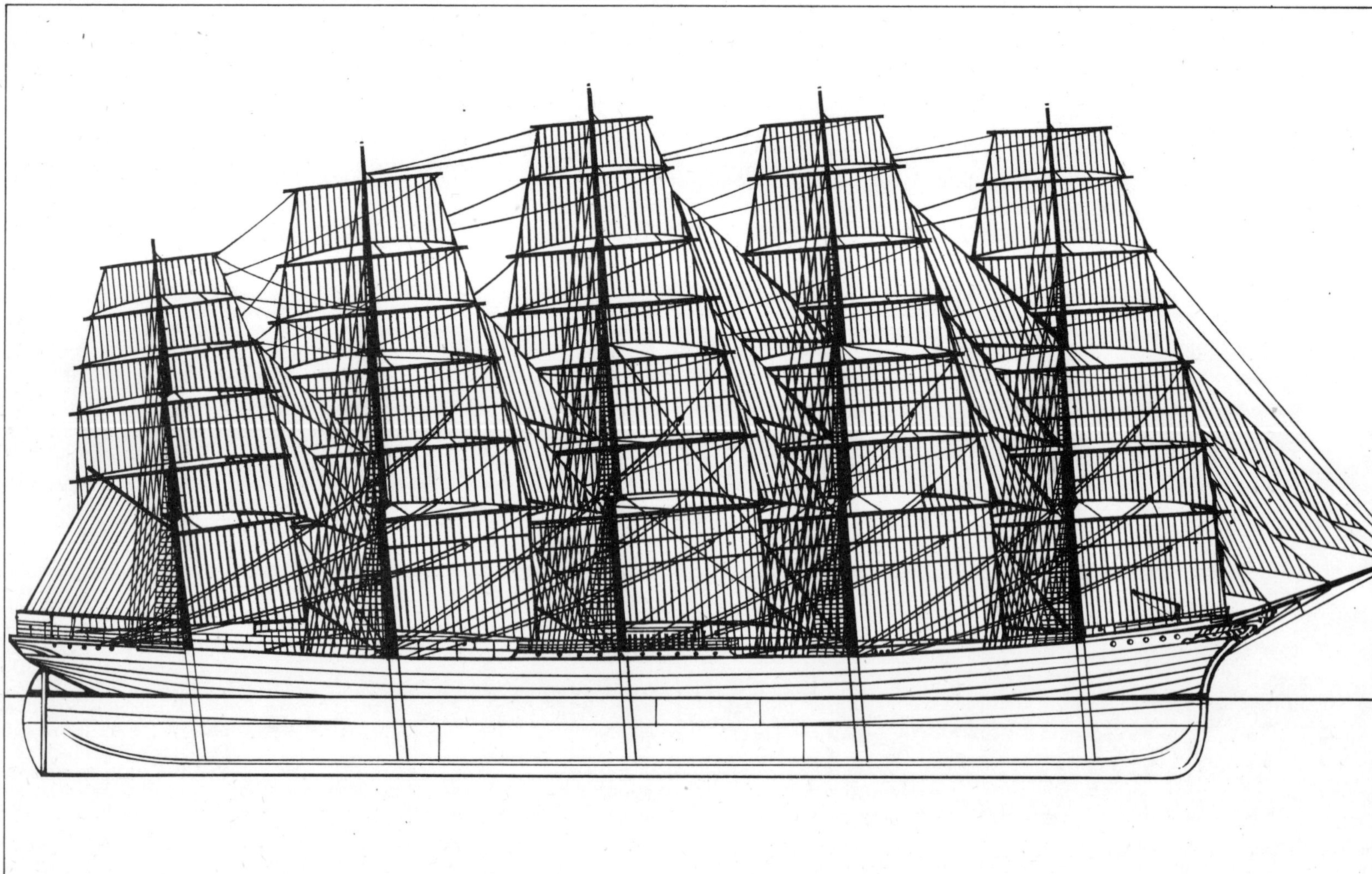

allmähliches Ausklingen, sondern ein gewaltsames Ende. Verursacht durch den fahrplanmäßigen Betrieb von Dampfschiffen und ersten Motorschiffen auf der Basis extrem niedriger Preise für die Energieträger, war man der Meinung, dem Windantrieb sei keine Zukunft mehr beschieden. So wurden die Segelschiffe im wahrsten Sinne des Wortes zum alten Eisen geworfen und die mit ihnen gesammelten Erfahrungen gleich hinterdrein [13]. Die Segelschiffe wurden aber nicht nur von der fahrplanmäßigen Konkurrenz, die mit rauchenden Schornsteinen billiger, immer schneller und mit kleinerer Besatzung fahren konnte, aus dem Rennen geworfen. Weitere Ursachen waren die katastrophalen ökonomischen Folgen des ersten Weltkrieges sowie in seinem Ergebnis die herangereiften politischen Umwälzungen. Nicht zu unterschätzen sind die Auswirkungen des Baues bzw. des Ausbaues des Panama- und des Suezkanals. Beide Kanäle wirkten unmittelbar gegen die ökonomischen Grundkriterien der Großsegler. Den Rest besorgte schließlich die Weltwirtschaftskrise.
Nicht alle Seeleute haben diese Entwicklung begrüßt. Es gab auf den stolzen Seglern stabile, mit ihren Schiffen verwurzelte Mannschaften, die bereit waren, alles für die Erhaltung der Segelschiffahrt zu tun [14]. Die Zeit der Schinderei war vorbei; in den Arbeitsliedern an Bord war nur noch selten von einer schweren und harten Arbeit in den Masten und Rahen zu hören [13]. Und die Autorität eines Segelschiffskapitäns, der mit seiner Besatzung durch eine kluge Schiffsführung einen neuen Rekord auf der Route Hamburg–Valparaiso aufgestellt hatte, war immer noch unumstritten.
In zumindest einer Hinsicht gilt diesen Besatzungen noch heute unsere Sympathie: Um keinen Preis der Welt wollten sie ihr sauberes, leise rauschendes und ruhig in der See liegendes Schiff mit dem schmutzigen, stöhnenden, rollenden und stampfenden Dampfer tauschen. Sie wollten lieber in luftiger Höhe Segel bergen, als mit riesigen Schaufeln die unersättlichen Dampfkessel zu beschicken. An diesen Umstand sollte jeder denken, der sich ernsthaft mit dem Windantrieb beschäftigt. Den Wind zu nutzen heißt, die umweltfreundlichste Energieform zu nutzen. Treibstoff zu sparen heißt, mit erheblich weniger Schadstoffmengen die Atmosphäre zu belasten. Es wird die Zeit kommen, wo dieser Aspekt mehr wert sein wird, als ihn nur in Geld auszudrücken.
Von einigen dieser stolzen Segler vom Beginn unseres Jahrhunderts soll hier noch einmal die Rede sein.
Der aufkommende Stahlschiffbau ermöglichte Schiffsgrößen bis dahin unbekannten Ausmaßes. Wenn auch schon noch größere Dampfschiffe existierten, das 8000 t tragende Fünfmast-Vollschiff „Preußen" (Bild 6) und die nur wenig kleinere, 6500 t tragende Fünfmast-Bark „Potosi" (Bild 7) können schon als Höhepunkt der Segelschiffszeit gelten.
Die Schiffe hatten ein geschlossenes Deck, ein flaches, aber geräumiges und trockenes Deckshaus sowie Ladeluken und waren durch mehrere Querschotte sicher unterteilt. Ein Verrutschen der Ladung war nahezu ausgeschlossen. Die schweren Arbeiten zur Bedienung der Segel waren mittels ausgeklügelter Handwinden- und Taljensysteme mechanisiert. Die „Preußen" hatte sogar zwei Hilfskessel für eine Dampfballastpumpe, ein Dampfankerspill (560 m Ankerketten, 66 t), eine Dampfrudermaschine und Dampfladewinden, die auch zur Bedienung der Segel genutzt werden konnten. Masten sowie stehendes und laufendes Gut bestanden aus Stahl bzw. aus solidem Tauwerk.
In den Segeln waren erste aerodynamische Erkenntnisse verwertet worden. Hilfsmotoren zum Vortrieb waren nicht installiert. Beide Schiffe besaßen eine große Stabilität. Eine Kenterung war zwar nicht ganz ausgeschlossen, hätte aber nur eine Folge grundlegender Fehler in der Schiffsführung sein können. Durchschnittsgeschwindigkeiten von 9 kn bei Fahrten über zwei Monate, von 12 kn über mehrere Tage und von 16 kn an einzelnen Tagen waren keine Seltenheit. Die Höchstgeschwindigkeit dürfte bei 20 bis 22 kn gelegen haben. Die größte bekanntgewordene Etmalgeschwindigkeit der Segelschiffahrt überhaupt erreichte die „Preußen" im Jahr 1903 mit 18,7 kn. Sie wurde erst in den siebziger Jahren unseres Jahrhunderts durch die modernen Hochgeschwindigkeitskatamarane und -trimarane (s. auch Abschnitt „Windnutzung für Sport und Freizeit") überboten. Der berühmte fünftägige Etmalrekord der „Potosi" von 16,5 kn blieb bis 1985 ungeschlagen. Wenn auch die „Preußen" mit 5560 m^2 Segelfläche, 550 t Wasserballast im Doppelboden (davon 100 t Kesselspeisewasser) und der unglaublichen Rekordreise von Lizard (Englischer Kanal) nach Iquique (in Nordchile) rund Kap Hoorn in 58 Tagen sicher das leistungsfähigste und modernste Segelschiff seiner Zeit war, hat sich die „Potosi" den Ruhm des zuverlässigsten und sichersten Großseglers erworben.
Das ist auch das Verdienst ihres langjährigen Kapitäns *Robert Hilgendorf*, der den Beinamen „Düwel vun Hamborg" hatte [11]. Von *Hilgendorf* wird berichtet, er habe einen sechsten Sinn für die Ortsbestimmung gehabt. Seine Navigation, und das läßt sich noch heute nachweisen, hätte mit Echolot, Radar und moderner Standortermittlung nicht besser sein können. Es wird ihm eine so genaue Vorstellung vom Windregime nachgesagt, daß er in jeder Wettersituation den optimalen Kurs gefunden habe. *Hilgendorf* ließ auch im Sturm die Obermarssegel stehen und preschte mit Vollzeug durch die gefährliche, von den meisten Kapitänen wegen ihres starken Gezeitenstromes und ihrer nahen, felsigen Ufer gefürchteten Le-Maire-Straße an der Südostspitze Südamerikas. Seine Kurse um Kap Hoorn (Bild 8) waren stets optimal. So blieben zwischen 1895 und 1914 fast alle Reisen des Schiffes in der Chilesalpeter-Fahrt der Laeisz-Reederei Hamburg unter 70, in einem Fall sogar unter 60 Tagen. Auf diese Weise wurde mit der „Potosi" verwirklicht, was viele für eine Illusion gehalten hatten: zwei komplette Chile-Rundreisen je Jahr, und das Jahr für Jahr. Über mehrere Jahre stehen für dieses Schiff Durchschnittsreisezeiten von der Elbe nach Chile und zurück mit 5 Monaten und 19 Tagen zu Buche, und zwar einschließlich der für damalige Zeiten sehr umständlichen Lösch- und Ladearbeiten.
Die Leistungsfähigkeit der fast 5000 m^2 Segelfläche tragenden und 111 m langen „Potosi" kommt am besten aus einer Episode über ihre Jungfernfahrt zum Ausdruck [11]. Bei ihrer Heimreise von Valparaiso nach Hamburg bekam sie in der Nähe von Kap Hoorn den aus Australien kommenden englischen Wollklipper „Cimba" in Sicht. Der für seine außerordentliche Geschwindigkeit berühmte und elegante Segler befand sich auf der Heimreise nach London und hatte dafür die Westdrift genutzt. Trotz stürmischer Winde wurden auf beiden Schiffen alle Segel gesetzt, und die Besatzungen arbeiteten komplett in den Segeln. Drei Tage verfolgt die „Potosi" die in Sichtweite voraus segelnde „Cimba", bis es ihr in den Abendstunden des 30. November 1895 endlich gelang, sich langsam vorbeizuschieben. Am nächsten Morgen war sie außer Sicht. Am 17. Januar 1896 passierte die „Cimba" den Lizard-Leuchtturm an der englischen Südwestspitze. Sie hatte von Kap Hoorn ihre bisher beste Reise gehabt. Die Besatzung hoffte, daß die „Potosi" vielleicht doch nicht vorbeigelaufen sei. In London stellte sich aber heraus, daß die „Potosi" schon eine Woche zuvor in Hamburg eingetroffen war. Sie hatte 15 Tage vor dem Klipper am Lizard-Leuchtturm ihr Unterscheidungssignal gezeigt und

Bild auf Seite 13
Bild 7. Die „Potosi" auf der Reise zum Kap Hoorn, nach [11, S. 72]

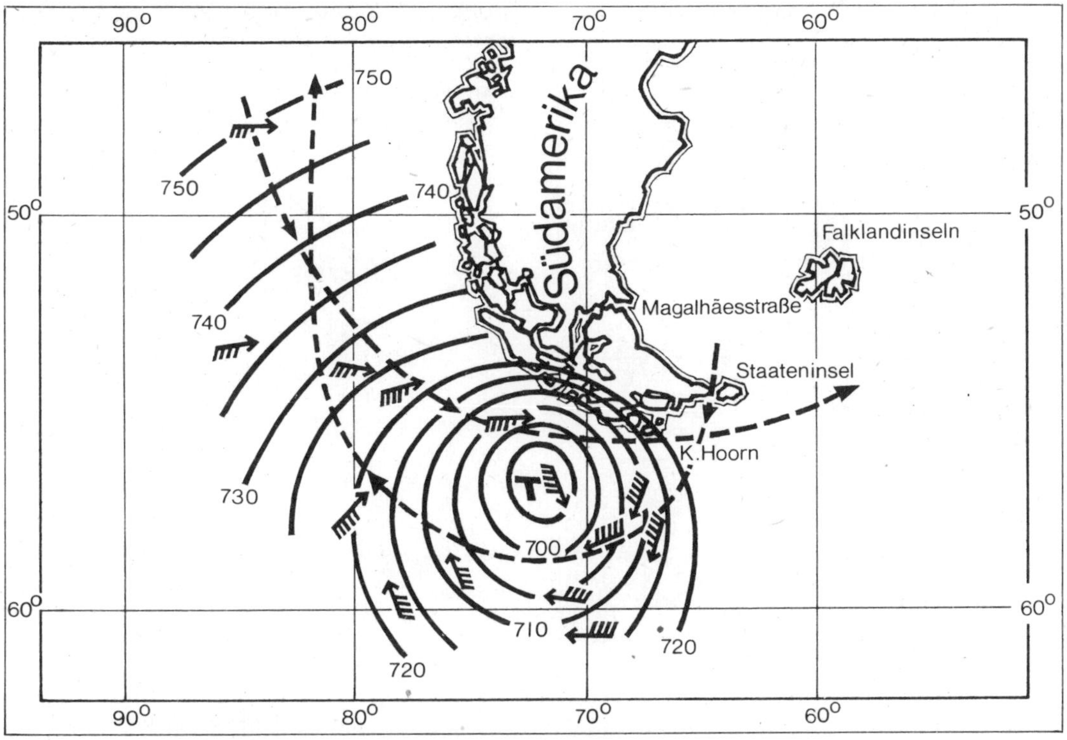

Bild 8. Routen der Laeisz-Segler im Kap-Hoorn-Sturm, nach [11]

war im Güterzugtempo mit 6500 t Chilesalpeter an Bord weiter Richtung Heimathafen gelaufen.
Das Ende der „Preußen" war wie ein Symbol. Schon mehrmals hatten kleinere Dampfer die schnellen Segler der „Flying P-Line" der Reederei Laeisz unterschätzt und Kollisionen mit ihnen verursacht. Am 5. November 1910 kreuzte die englische Kanalfähre „Brighton" unter völliger Verkennung der Geschwindigkeit der „Preußen" deren Kurs und ließ dabei Grundregeln der Begegnung von Segel- und Motorschiffen außer acht. Nach der Kollision waren zwar beide Schiffe noch schwimm- und manövrierfähig, doch die „Preußen" geriet im aufkommenden Sturm in Schwierigkeiten, strandete schließlich in der Nähe von Dover und zerschlug dort im Laufe der Zeit.
Wenn auch die Chilesalpeter-Fahrt mittels großer Segelschiffe in den zwanziger Jahren wieder aufgenommen wurde und in einigen Fällen noch bis 1938 rentabel durchgeführt werden konnte, war mit dem Untergang der „Preußen" und der kriegsbedingten Ablieferung der „Potosi" und ihrem späteren Ausbrennen der Höhepunkt der Segelschiffahrt vorbei, nachdem bereits 1895 die Welttonnage der Dampfschiffe die der Segelschiffe überschritten hatte.
Welches sind nun die wichtigsten Erfahrungen aus dieser Zeit? Es wurde nachgewiesen, daß Segelschiffe ebenso sicher wie Dampfer und Motorschiffe gebaut und betrieben werden können. Von den großen stählernen Viermast- und Fünfmastschiffen der Reederei Laeisz ist keines ohne Einwirkung anderer Schiffe verlorengegangen. Es hatte sich ferner gezeigt, daß vergleichsweise kleine Besatzungen ausreichend waren. Die „Preußen" wurde von 38 Mann gefahren. Das waren nicht mehr, als für den Betrieb eines Dampfers der gleichen Größenordnung nötig waren. Auch die Arbeits- und Lebensbedingungen der Seeleute waren nicht schlechter, eher besser. Es wurde nachgewiesen, daß auch ohne Hilfsmotor fast ein planmäßiges Abwickeln bestimmter Rundreisen und Routen möglich war. Ohne die Kenntnis der heutigen Methoden der Wetterüberwachung, des Nachrichtenwesens und der Navigation war es unter Beachtung meteorologischer und hydrologischer Grundregeln möglich gewesen, die schwierigen Zonen der Route Hamburg–Chile zu überwinden. Die Zonen waren:

- der stark befahrene Englische Kanal, der oft auf einem Kreuzkurs durchlaufen werden mußte,
- das Umfahren der Nordspitze Großbritanniens,
- der stürmische Nordatlantik mit seinen Tiefdruckgebieten und Wellen,
- die Flautengebiete des Kalmengürtels zwischen Nord- und Südatlantik,
- die südlichen Roß-Breiten östlich Brasiliens,
- die Gebiete des höllischen „Pamperos", des fallwindartigen Gewittersturmes aus den Pampas, südlich von Kap Frio (Brasilien) entlang der argentinischen Küste,
- das Seegebiet um Kap Hoorn mit seinen Stürmen und seinen gigantischen Wellen,
- die chilenische Küste mit ihren Nordstürmen.

Es wurde gezeigt, daß es möglich ist, diesen Schwierigkeiten wirksam zu begegnen bzw. ihnen aus dem Wege zu gehen.
Einige Fakten sind nur noch von historischem Interesse, da heute mit Sicherheit andere Wege gegangen werden. So betrug die Lebensdauer der Segel nur etwa zwei Jahre. Das stehende und laufende Gut des Fünfmast-Vollschiffes „Preußen" war über 41 km lang. Die Segel- und Ladeeinrichtung umfaßte 1268 Blöcke, 700 m Takelkette und 248 Takelagespannschrauben. Der Flaggenkopf des mittleren Mastes des 124 m langen Schiffes ragte 68 m über die Kiellinie nach oben.
Und noch eine Erfahrung ist von Bedeutung. Die schnellen Großsegler der Jahrhundertwende konnten bei günstigen Windbedingungen über einen längeren Zeitraum eine Geschwindigkeit von 15 kn laufen, ohne daß in ihrer „Antriebsanlage" wissenschaftliche Erkenntnisse der Aerodynamik verwertet waren. Der außerordentliche Erkenntniszuwachs auf diesem Gebiet (s. auch Abschnitt „Windantriebsanlagen auf Schiffen") gestattet die Aussage, daß solche Geschwindigkeiten mit einer modernen Windantriebsanlage auch bei der Nutzung eines wesentlich größeren Windbereiches, insbesondere zu geringen Windstärken hin, und eines größeren Bereiches des Windeinfallwinkels zum Kurs möglich sind [10]. Damit nähern sich die Geschwindigkeiten von Frachtseglern und die ökonomischen Geschwindigkeiten von Motorschiffen an (Bild 9). Es kann davon ausgegangen werden, daß sich unter Beachtung heutiger Schiffsgrößen und Transportkonzeptionen auch beim kombinierten Betrieb Geschwindigkeiten um die 15 kn als günstig herausstellen werden.
Bei der Erörterung der Möglichkeiten für die Nutzung der Windenergie muß von den Bedingungen ausgegangen werden, die sich aus dem modernen Seeverkehr ergeben. Bild 10 zeigt ein Grundmodell dafür. Ergänzend dazu sind die internationalen und nationalen Regelungen des Seeverkehrs und der Seefischerei zu beachten. Diese Prämissen schließen Schiffe mit reinem Windantrieb zumindest gegenwärtig aus. Neben Motorschiffen heutiger Generation mit Zusatzeinrichtungen für den Windantrieb sind Schiffe

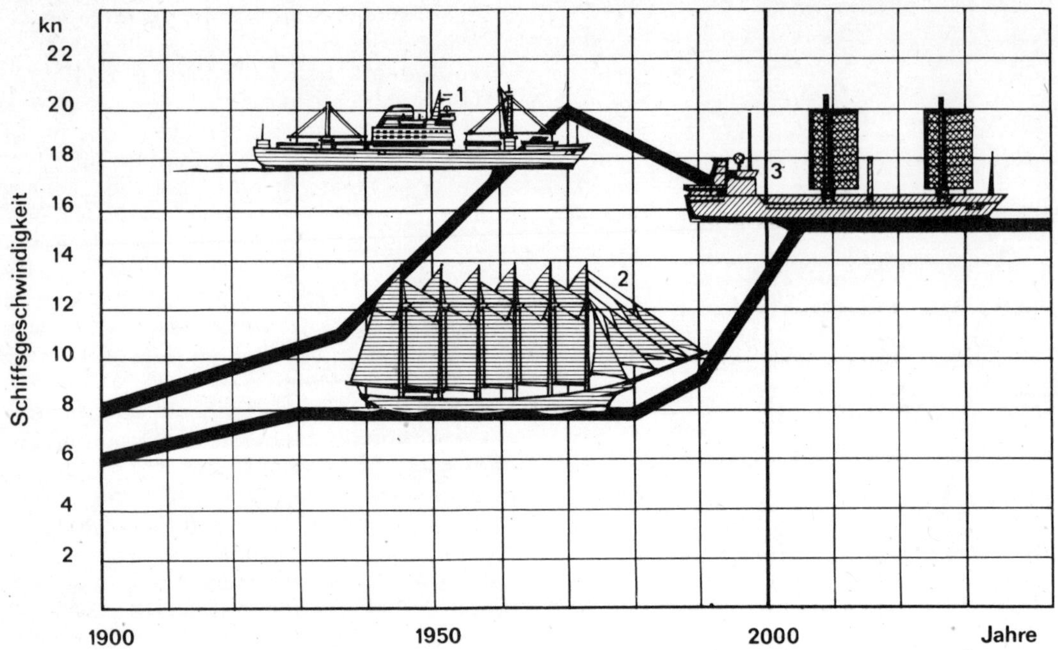

Bild 9. Entwicklung der Durchschnittsgeschwindigkeiten von Motor- und Segelschiffen
1 Motorschiffe; *2* Segelschiffe; *3* Schiffe mit kombiniertem Antrieb

denkbar, die vorwiegend für den Windantrieb vorgesehen sind. Derartige Schiffe müßten aber mit einer kräftigen Hilfsmotorenanlage ausgerüstet sein.
Im folgenden sollen die wichtigsten Bedingungen für die Nutzung der Windenergie kurz genannt und gewertet werden [15] [16].
Die *Sicherheit für Schiff und Besatzung* darf durch Windantriebsanlagen zu keinem Zeitpunkt gefährdet werden. Das erfordert, daß bei extremen meteorologischen und hydrologischen Bedingungen und beim Versagen der Energiezufuhr für Mechanisierungs- und Automatisierungseinrichtungen die erforderliche Schiffsstabilität entweder noch vorhanden ist oder sich selbständig herstellt. Außerdem darf die manuelle Bedienung der Windantriebsanlagen beim Ausfall der Energiezufuhr für Hilfsmaschinen nicht zu einer Gefährdung einzelner Besatzungsmitglieder führen. Vorausgesetzt wird, daß die Schiffssicherheit im normalen Schiffsbetrieb gewährleistet ist. Hierzu ist auch für das vorwiegend windgetriebene Schiff eine solche Motorenleistung erforderlich, daß auf Zwangswegen, in Revieren und bei dichtem Schiffsverkehr gegen den Wind und die von vorn laufende See sicher gefahren und manövriert werden kann. Zu beachten ist dabei, daß dann durch die außer Betrieb gesetzten Windantriebsanlagen (außer beim „Windmühlen-" bzw. „Windturbinenschiff") ein zusätzlicher Windwiderstand überwunden werden muß.
Eine technisch und ökonomisch entscheidende Größe ist die *Transportleistung* im Zusammenhang mit der erreichbaren bzw. projektierten *Durchschnittsgeschwindigkeit.* Wegen der Grundforderungen der Schiffssicherheit muß davon ausgegangen werden, daß der Raumbedarf für die Motorenanlage bei einem vorwiegend windgetriebenen Schiff nicht wesentlich geringer als bei einem Motorschiff ist. Eventuelle Raumeinsparungen werden möglicherweise von zusätzlichen Hilfsmaschinen für den Betrieb der Windkrafteinrichtungen wieder zunichte gemacht. Damit gilt für beide Arten von Windschiffen, daß ein gegenüber dem Motorschiff erhöhter Transportraum nicht zur Verfügung steht und damit gerechnet werden muß, daß die Kosten für die Windantriebseinrichtung und deren Wartung den Bau- und Reparaturkosten eines reinen Motorschiffes zugeschlagen werden müssen.
Diese Mehrkosten muß der Windantrieb gewinnbringend ausgleichen. Das wird bei einem geringen Wert der Ladung und niedrigen Frachtkosten schneller möglich sein als bei wertvoller Ladung und hohen Frachtkosten, die eine hohe, vertraglich vereinbarte Durchschnittsgeschwindigkeit fordern. In diesem Zusammenhang sei der große Einfluß der meteorologisch richtigen Navigation auf die Durchschnittsgeschwindigkeit erwähnt, die Kreuzkurse zum Ziel möglichst verhindern soll.
In engem Zusammenhang mit der Transportleistung und der Durchschnittsgeschwindigkeit steht die *Einsparung an Treibstoff* im Vergleich zum reinen Motorschiff mit gleicher Durchschnittsgeschwindigkeit. Obwohl, wie schon im Abschnitt „Schiffahrt und Wind" erwähnt, auch beim Motorschiff die Reduzierung der Durchschnittsgeschwindigkeit eine erhebliche Treibstoffeinsparung mit sich bringt, wirkt sich eine geringere Geschwindigkeit zugunsten des windgetriebenen Schiffes aus.
Anhand der vorliegenden Erfahrungen und Berechnungen für Motorschiffe mit Windhilfsantrieb werden bei einer vorgeschriebenen Dienstgeschwindigkeit von 20 kn je nach Windstärke und Kursrichtung zum Wind jährliche Leistungseinsparungen von maximal 2 % möglich sein. Bei 15 kn sind es bereits bis 10 %, während bei 10 kn bis 30 % möglich sind.
Neben der Gewährleistung der Schiffssicherheit ist eine weitere Randbedingung für die Art und Größe der gewählten Windantriebseinrichtung deren *Universalität, Verfügbarkeit und Bedienbarkeit.* Die Einrichtung muß in einem möglichst großen Bereich des Winkels zwischen Kurs- und Windrichtung eine Vortriebskraft erzeugen. Das verlangt eine Anpassung an verschiedene Windeinfallsrichtungen und Windgeschwindigkeiten. Die Bedienbarkeit fordert einen hohen Grad an Automatisierung bzw. Mechanisierung des Anpassungsprozesses. Es versteht sich, daß die Windantriebseinrichtung mit möglichst geringem Aufwand an Material und Kosten herstellbar sein muß und den Schwerpunkt des Schiffes nur gering beeinflussen darf.
Es ist außerdem zu erwarten, daß die im Abschnitt „Schiffahrt und Wind" genannten Möglichkeiten zur Treibstoffeinsparung komplex angewendet werden und sich dabei gegenseitig beeinflussen. Alle erwähnten Faktoren stehen mit der Wirksamkeit einer Windantriebseinrichtung im Zusammenhang. Weiterhin muß von der Windantriebs-

Bild 10. Rahmenbedingungen für die Nutzung der Windenergie

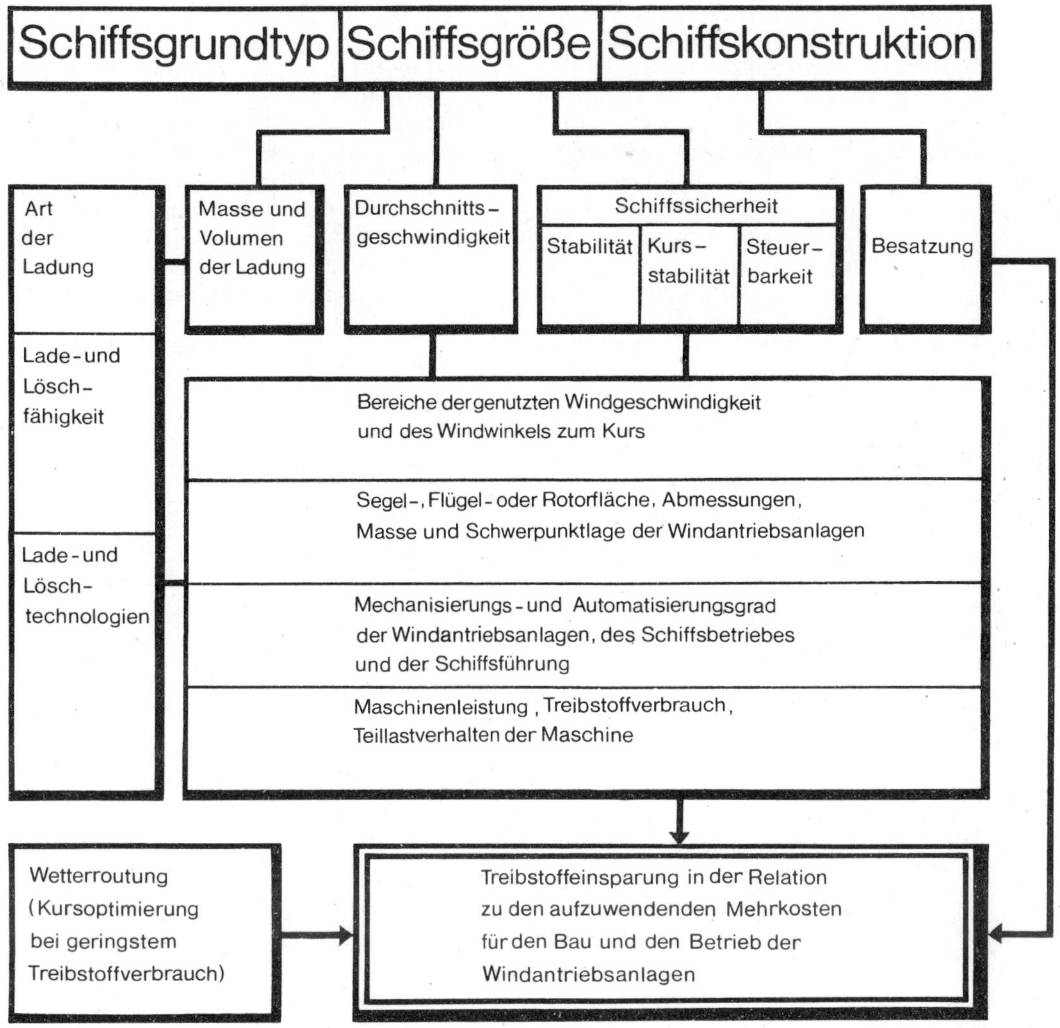

einrichtung gefordert werden, daß sie die Kursstabilität und die Steuerbarkeit des Schiffes nicht nachteilig, sondern eher vorteilhaft beeinflußt.
Die *Größe von Winddruckflächen* ist im wesentlichen durch die Stabilität des Schiffes begrenzt. Dadurch ist insbesondere die nachträgliche Ausrüstung von Motorschiffen mit geringer Stabilitätsreserve (z. B. Containerschiffe mit Decksladungen) eingeschränkt. Die *Besatzungsstärke* darf durch den Windantrieb nicht zwangsläufig zunehmen. Nur solche Konzepte sind real, die von konstanter bzw. sinkender Besatzungsstärke ausgehen. Bei der Wahl von *Schiffsgröße, Schiffsform und Schiffskonstruktion* ist zu beachten, daß das Verhältnis von Segelfläche (bei starren oder biegeschlaffen Tragflügeleinrichtungen) zum Deplacement bei großen Schiffen günstiger wird. Während ein Fahrzeug von 10 t Deplacement etwa 100 m^2 Segelfläche benötigt, um bei einem Wind von 10 m/s aus „raumer" Richtung (rd. 120° zwischen Kurs und Windrichtung) die mögliche Grenzgeschwindigkeit von 8 bis 9 kn zu erreichen, benötigt dazu ein Schiff von 10 000 t Deplacement etwa 5000 bis 6000 m^2 Segelfläche, wobei die Grenzgeschwindigkeit je nach Rumpfform 15 bis 20 kn beträgt [16].
Schließlich sei auf die Anpassung an vorhandene *Lade- bzw. Löschtechnologien* hingewiesen, die die Möglichkeiten des Windantriebes wesentlich einschränken können. Allerdings sollte dieser Aspekt auch nicht überschätzt werden, da die Anpassung bei Schiffsneubauten als machbar erscheint.
Einen nicht unerheblichen Einfluß auf den Treibstoffverbrauch hat die bereits erwähnte *Wetterroutung*, die bei windgetriebenen Schiffen noch wirksamer als bei Motorschiffen ist. Allerdings dürften die für ein Windschiff günstigsten Kurse auch unter dem Aspekt der Treibstoffeinsparung nur in den seltensten Fällen mit denen eines Motorschiffes identisch sein. Die Kursoptimierung eines Schiffes mit kombiniertem Motor- und Windantrieb ist ein außerordentlich kompliziertes Problem. Zudem ist je nach dem Wert der Ladung und den vereinbarten Terminen von Fall zu Fall zu entscheiden, welches Optimierungskriterium den Vorrang hat.
Auch wenn die Windantriebsanlagen heutiger und zukünftiger Schiffe nicht mehr die enormen Höhen der Masten traditioneller Segelschiffe erreichen sollten: ohne eine bestimmte Höhe geht es nicht. Und damit werden *Brückendurchfahrten* zu einem ernsten Problem. Bis auf den Suezkanal werden alle wichtigen Kanäle von Brücken überspannt, oder es sind solche geplant. Das trifft auch auf viele Meerengen zu. Ein Windschiff, das den Panamakanal nicht passieren kann, kommt aber für einige Routen und Transportaufgaben nicht in Frage.
Ein letztes Problem, das unter dem Aspekt der Bedingungen für die Windnutzung genannt werden soll, ist der erforderliche *Kenntnisstand der Schiffsführung und der Besatzung*. Trotz aller Mechanisierung und Automatisierung der Windantriebsanlagen für sich und im Zusammenwirken mit der Motorenanlage, dem Schiffsmaschinenbetrieb und der Schiffsführung kommt der Be-

satzung eine gewachsene Bedeutung zu. Das Entscheidungsfeld für die Kurswahl, für die Abwicklung von Begegnungssituationen und für den effektiven Einsatz der Windantriebsanlagen wird größer. Es ist ein tieferes Verständnis für das Wirken aller angreifenden Kräfte erforderlich. Das komplexe und energiesparende Zusammenwirken der verschiedenen Antriebsarten muß in seinen ursächlichen Zusammenhängen verstanden sein. Und schließlich kommt es darauf an, das Fahrzeug auch beim Ausfall der Motorenanlage noch sicher beherrschen zu können. Aus diesen Anforderungen ergeben sich für die Seefahrtshochschulen spezifische Lehr- und Ausbildungsinhalte sowohl in der theoretischen als auch in der praktischen Ausbildung.

Aus allen in diesem Abschnitt genannten Bedingungen ergibt sich, daß die Nutzung des Windes zum Schiffsantrieb nicht generell von Vorteil ist. Wenn ökologische Aspekte außer acht gelassen werden und nur ökonomische Kriterien gelten sollen, ist die Nutzung des Windes eingeschränkt. Die Windantriebsanlagen werden sich nur dann gewinnbringend auswirken, wenn die Transportkonzeption, die Schiffskonzeption, das Fahrtgebiet und alle Faktoren so ausgewählt wurden, daß die Bau- und Betriebskosten in kurzer Zeit durch die Treibstoffeinsparung amortisiert werden. Das ist in jedem Anwendungsfall neu zu prüfen.

Den Wind zu nutzen heißt demnach keinesfalls, herumliegendes Geld aufzusammeln. Der Erfolg muß sorgfältig geplant und relativ teuer erkauft werden.

Aber eines wird nach allem, was bisher gesagt wurde, klar: Der Windantrieb wird kommen. Er wird sich aber nur sehr zögernd durchsetzen.

Windantriebsanlagen auf Schiffen

Es ist immer wieder faszinierend, daß windgetriebene Schiffe, Boote und auch Surfbretter in ihren Kursen zum Wind sehr variabel sind und doch recht schnell vorankommen. Das hängt mit der Form ihres Rumpfes, ihres Kieles, ihres Schwertes, der Flossen und ihrer Ruderanlage zusammen, ist aber in erster Linie der Windantriebsanlage zu verdanken. Sie ist so gestaltet, daß sie eine Kraft erzeugen kann, deren Richtung von der Windrichtung stark abweicht. Außerdem läßt sie sich so einstellen, daß eine Komponente dieser Kraft in Richtung des gewünschten Kurses wirkt.

Bei diesen Betrachtungen sollen zunächst solche denkbaren Windantriebsanlagen, bei denen Schiffspropeller mittels Windflügelrädern angetrieben werden, außer acht gelassen werden. Über solche Antriebstypen, die sich im Modellversuch auch bereits bewährt haben, wird im Abschnitt „Windschiffe von morgen" noch mehr gesagt. Es geht also um *Flügel aus starren oder biegeschlaffen Winddruckflächen*, zu denen auch die Segel gehören, und um *rotierende Zylinder*, die nach ihrem Erfinder Flettner-Rotoren heißen. Beide Arten haben gemeinsam, daß die durch den Wind erzeugte Kraft direkt auf das Schiff wirkt und somit zum Antrieb beiträgt. Da das Schiff vorwärts fahren soll, ist es logisch, daß der Wind nicht genau von vorn kommen darf.

Für solche Anlagen gibt es zwischen den möglichen Kursen der Schiffe und der Windrichtung einen nutzbaren Winkelbereich von etwa 270°. Der Sektor der nicht möglichen Kurse kann in bestimmten Grenzen als ein Ausdruck für den Entwicklungsstand und die Wirksamkeit der Windantriebsanlage angesehen werden (Bild 11). Bei den Frachtseglern der Vergangenheit konnte der Sektor nicht möglicher Kurse von zunächst 180° auf 140° bis 130° verringert werden. Eine Analyse der Kurse der berühmten Teeklipper läßt darauf schließen, daß der Sektor bei ihnen nur 120° betrug. Die besten Berufssegelfahrzeuge der Vergangenheit erreichten 110°. Mitte des 19. Jahrhunderts tauchten die ersten Rennyachten auf, allen voran die legendäre „America", die mit 90° wendete. Heute sind bei modernen Einrumpfrennyachten 70° schon keine Seltenheit mehr. Es läßt sich zeigen, daß auch unter günstigsten Bedingungen 60° nicht unterschritten werden können.

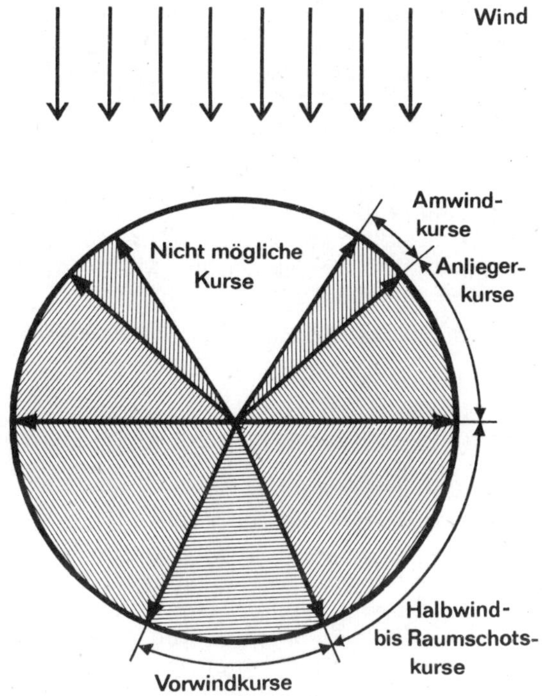

Bild 11. Mögliche Kurse eines nur durch den Wind getriebenen Schiffes

Werte unter 90° sind nur mit aerodynamisch sehr effektiv gestalteten Segeln oder starren Flächen zu erreichen. Flettner-Rotoren erlauben das nicht, wie am Ende dieses Abschnittes noch erläutert wird.

Eine weitere Aussage über die Qualität einer Windantriebsanlage liegt in der mehr oder weniger vorhandenen Eigenschaft, sie so einstellen zu können, daß möglichst viel Windkraft in Kursrichtung wirkt (Bild 12). Um den Winkel zwischen der resultierenden Windkraft an einem Segel und ihrer Komponente in Kursrichtung klein halten zu können, bedarf es der bereits erwähnten Eigenschaft der Segel oder Flügel, eine Kraft zu erzeugen, die von der Windrichtung abweicht (Bild 13).

Dieser Fähigkeit gewölbter Flächen verdanken die Vögel ihren Flug. Und sie hat die Menschen befähigt, sich mit Flugzeugen in die Luft zu erheben. Es ist verständlich, daß der Winkel zwischen der Richtung des anströmenden Windes und der Richtung der Windkraft immer größer als 90° sein muß. Die Natur zwingt jedem umströmten Körper einen Windwiderstand auf. Es ist daher ausreichend, den Winkel ε als ein wichtiges Merkmal einer Windantriebsanlage zu benutzen. Je kleiner er ist, desto effektiver arbeitet die Anlage auf allen Kursen, bei denen dadurch die Vortriebskomponente der Windkraft vergrößert wird. In Anlehnung an die Verhältnisse beim Flugzeug werden die Komponenten der Gesamtkraft F_G als Auftriebskraft F_A und als Widerstandskraft F_W bezeichnet [17].

Ähnlich sind die Zusammenhänge, die sich an einem horizontalen Schnitt durch einen rotierenden Zylinder im Wind ergeben (Bild 14). Auch hier gibt es eine Auftriebs- und eine Widerstandskraft. Auf diesen Effekt, der im Gegensatz zum Prinzip des Flügels nicht von der Natur abgesehen werden konnte, hat als erster der Physiker *H. G. Magnus* hingewiesen. Der Magnus-Effekt wirkt bei rotierenden Geschossen, bei angeschnittenen Tennis- oder Fußbällen und auch beim Flettner-Rotor.

Ein weiteres wichtiges Merkmal von Windantriebsanlagen sind bestimmte Flächengrößen, die erforderlich sind, um die für den Schiffsantrieb nötigen Kräfte erzeugen zu können. In der Strömungsmechanik hat es sich bewährt, die durch die Strömung an Flächen erzeugten Kräfte als Produkte von Kraftbeiwerten, Flächengrößen und charakteristischen Drücken, den *Staudrücken*, zu bezeichnen:

$$F_A = C_A \cdot q \cdot A_S, \quad F_W = C_W \cdot q \cdot A_S,$$

$$q = \frac{V^2_{a,\infty}}{2}\, \varrho_L .$$

C_A und C_W sind Kraftbeiwerte ohne Maßeinheit. A_S ist die Segelfläche, beim Flettner-Rotor die aus dem Durchmesser des Zylinders und seiner Höhe gebildete projizierte Fläche. q ist der Druck, der an solchen Stellen entsteht, an denen die Anströmgeschwindigkeit $V_{a,\infty}$ auf Null abgebremst wird. Er kann durch das Quadrat der Anströmgeschwindigkeit, multipliziert mit der halben Dichte der Luft ϱ_L, gebildet werden.

Bevor mehr zur günstigen Gestaltung der Flächen und zum Zusammenhang zwischen Kraftbeiwerten und wichtigen Einstellgrößen wie Anstellwinkel des Segels bzw. Drehzahl des Rotors gesagt wird, soll auf zwei prinzipiell unterschiedliche Typen von Winddruck-

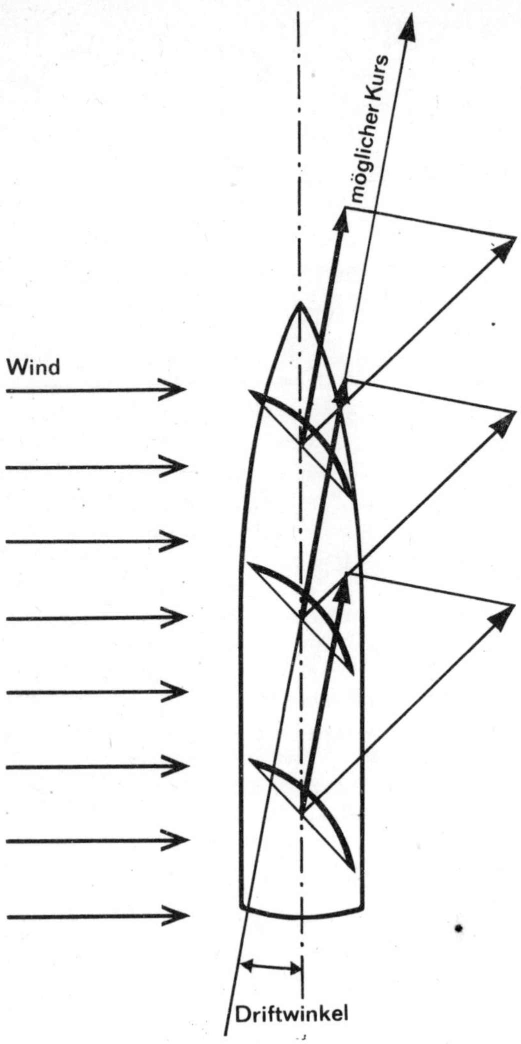

Bild 12. Windkräfte an einem Windschiff und ihre Komponenten in Kursrichtung

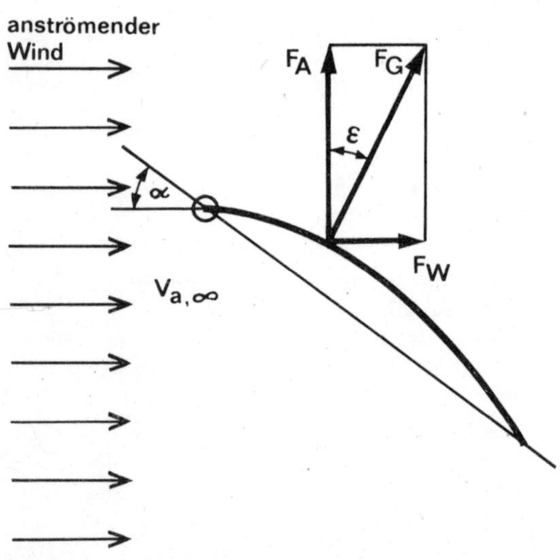

Bild 13. Aufteilung der Windkraft an einem Segel

flächen hingewiesen werden: Die über viele Jahrhunderte verwendeten *Rahsegel*, zu denen auch abgewandelte Segeltypen wie Lateinersegel, Luggersegel und verschiedenartige Toppsegel zählen, sind gewölbte Segelflächen an annähernd horizontalen Holmen, den Rahen (Bild 15). Die Rahsegel sind in der Regel annähernd rechteckig. Im Gegensatz dazu werden *Schratsegel* an annähernd vertikalen Masten oder an gespannten Drähten, den Stagen, gesetzt (Bild 16). Schratsegel können dreieckig (Fock, Klüver, Bermuda-Großsegel) oder auch viereckig (Gaffelsegel) sein. Ein wesentlicher Unterschied beider Typen besteht darin, daß Rahsegel in der Regel aufgerollt an den Rahen befestigt sind und nach dem Lösen der Bändsel nach unten ausrollen. Schratsegel befinden sich an Deck und werden an den Masten oder Stagen aufgeholt.

Ein für die Anwendung im heutigen Seeverkehr noch wichtigerer Unterschied läßt sich leicht einsehen, wenn man sich die Masten frei stehend und frei drehbar vorstellt. Ein Schratsegel wird sich sofort so einstellen, daß es im Wind flattert und keine allzu große Kraft mehr auf das Schiff ausübt. Das ist für die Schiffssicherheit sehr wichtig. Ein Rahsegel dagegen stellt sich so ein, daß es dem anströmenden Wind den größten Widerstand bietet. Sollte dieser Wind gerade von der Seite kommen, würde eine große Gefahr für das Schiff entstehen.

Die Anwendung dieser beiden grundlegend unterschiedlichen Typen von Windantriebsanlagen läßt sich in horizontalen Schnitten folgendermaßen erläutern:

Das Schratsegelprinzip kann mit einem starren Flügel angewendet werden, der einem Flugzeugflügel ähnelt, nur muß er im Gegensatz zu diesem symmetrisch sein. Um akzeptable Auftriebsbeiwerte zu erreichen, muß er eine schwenkbare Flügelklappe erhalten (Bild 17). Diese Klappe wird – je nachdem, ob der Wind von Backbord oder von Steuerbord weht – nach links oder nach rechts ausgelenkt. Das Rahsegelprinzip kann durch starre Flächen oder durch Folien bzw. Tuche genutzt werden, die über Holme gespannt und mittels Streben am Mast befestigt sind (Bild 18). Um bei Sturm das Schiff nicht in Gefahr zu bringen, müssen die Flächen klappbar sein. Sie bilden nach dem Umklappen einen symmetrischen Flügel, der sich wie ein Flügel nach dem Schratsegelprinzip verhält.

Beide Arten von modernen „Segeln" werden an frei stehenden, drehbaren Masten gefahren. Wichtigste Einstellgrößen sind in beiden Fällen der Anstellwinkel α zwischen Profilsehne und Richtung des anströmenden Windes sowie das Verhältnis der Profiltiefe t zur Sehnenlänge S.

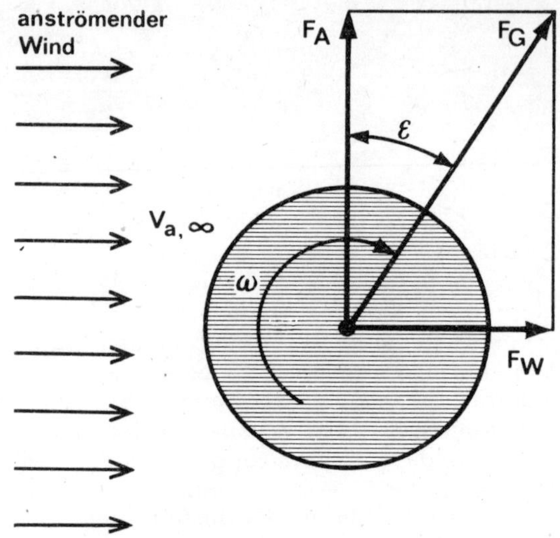

Bild 14. Aufteilung der Windkraft an einem rotierenden Zylinder

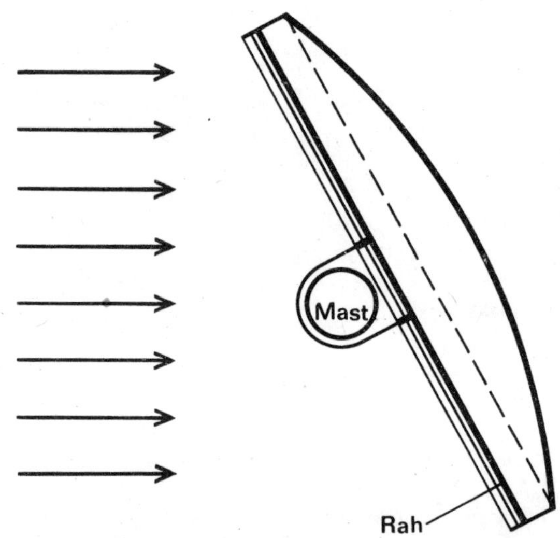

Bild 15. Rahsegelprinzip

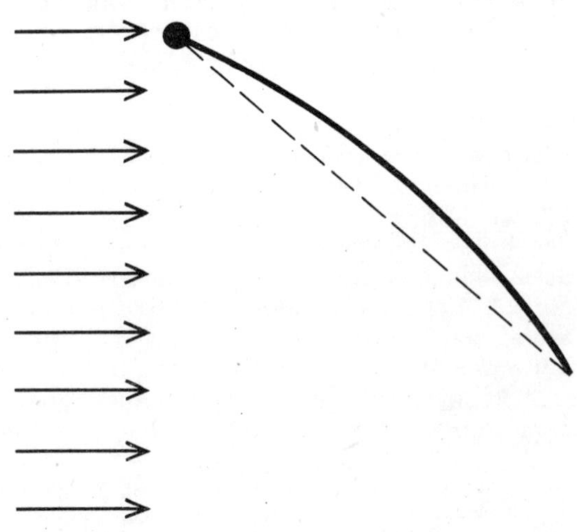

Bild 16. Schratsegelprinzip

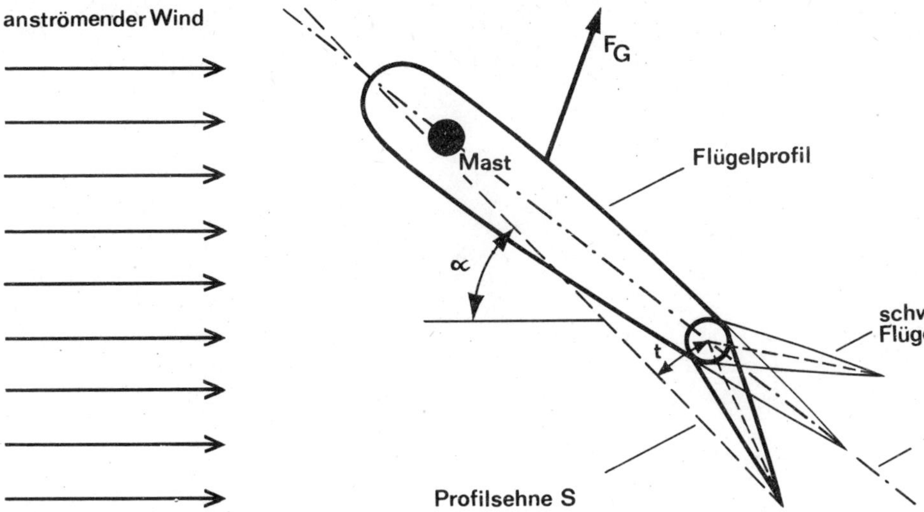

Bild 17. Flügel mit schwenkbarer Flügelklappe nach dem Schratsegelprinzip

Bild 18. Klappbarer Flügel nach dem Rahsegelprinzip

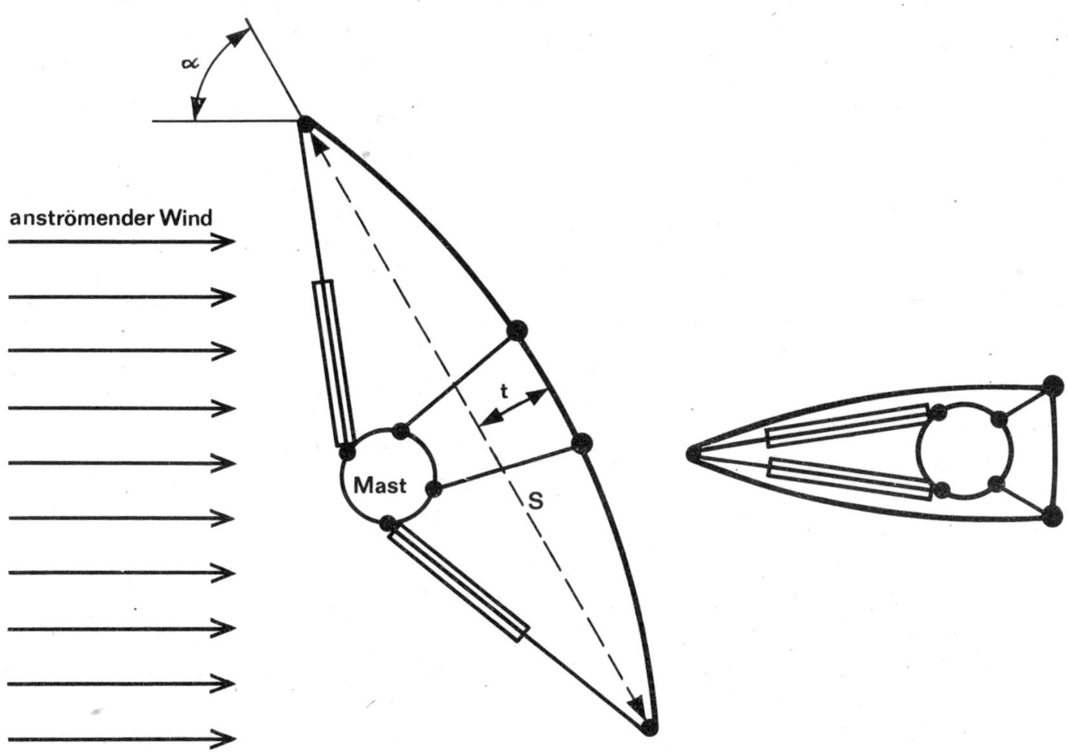

Bevor die Windantriebsanlagen in ihrer räumlichen Form beschrieben werden, ist noch die Frage zu beantworten, wodurch überhaupt an Segeln, Flügeln bzw. Rotoren eine so große Auftriebskraft quer zur Anströmung entsteht. Zur Beantwortung dieser Frage wird zunächst der rotierende Zylinder behandelt. Betrachten wir einen waagerechten Schnitt durch den Rotor in etwa mittlerer Höhe. Die Strömung um den angeströmten, ruhenden Zylinder verläuft etwa so, wie im Bild 19 gezeigt ist. Der Zylinder wird symmetrisch umströmt. Ein Wirbelgebiet auf der Leeseite hat einen Widerstand zur Folge. Dieses Wirbelgebiet läßt sich nicht vermeiden. Jeder kann es bei stärkerem Wind hinter einem Schornstein beobachten, wenn der Rauch in dieses Unterdruckgebiet zieht und dort verwirbelt.

Die Strömung um einen rotierenden, aber nicht angeströmten Zylinder läßt sich durch konzentrische Kreise als Stromlinien beschreiben (Bild 20). Auch solche Erscheinungen sind aus der Natur bekannt. Sie treten als Wirbelstürme in der Atmosphäre auf. Ein Badewannenabfluß bildet ebenfalls einen Wirbel, der aber andere physikalische Ursachen hat. Dort besteht das schraffierte Gebiet aus Luft. Die Überlagerung beider Strömungsbilder ergibt die Verhältnisse an einem angeströmten, rotierenden Zylinder (Bild 21). Die hohe Geschwindigkeit der Umströmung an der Oberseite erzeugt einen Sog quer zur Anströmrichtung. Der Widerstand tritt ebenfalls wieder auf und ist nicht unerheblich.

Ein ähnliches Strömungsbild ist zu beobachten, wenn die Strömung um einen feststehenden Zylinder an einer Seite abgesaugt wird (Bild 22). Dieses einseitige Absaugen kann sowohl zum Erzeugen einer Auftriebskraft, wie hier beim Zylinder, als auch zum Vergrößern dieser Kraft beim Flügel verwendet werden. Im Flugzeugbau ist dieses Prinzip längst bekannt. Es ist aber auch für die Anwendung bei Windantriebsanlagen für den Schiffsantrieb nicht uninteressant. Erste Experimente, die im Abschnitt „Windschiffe von heute" beschrieben werden, bestätigen das.

Als Ergebnis der bisherigen Überlegungen ist festzuhalten, daß am rotierenden, angeströmten Zylinder eine Auftriebskraft durch die Überlagerung einer Parallelströmung mit einer Zirkulationsströmung entsteht.

Die Verhältnisse sind beim Segel nicht grundlegend anders. Allerdings entsteht hier die Zirkulationsströmung durch die Form des Segels und durch seinen Anstellwinkel zum anströmenden Wind. Die reale Umströmung eines Segels in einem horizontalen Schnitt auf etwa halber Höhe ist durch ein glattes Abströmen an der Segelhinterkante

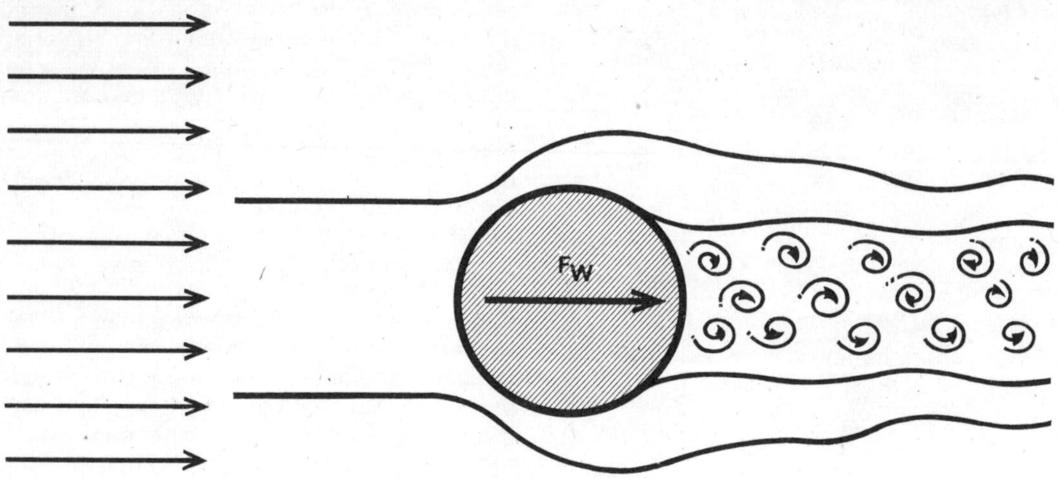

Bild 19. Strömung um einen ruhenden Zylinder

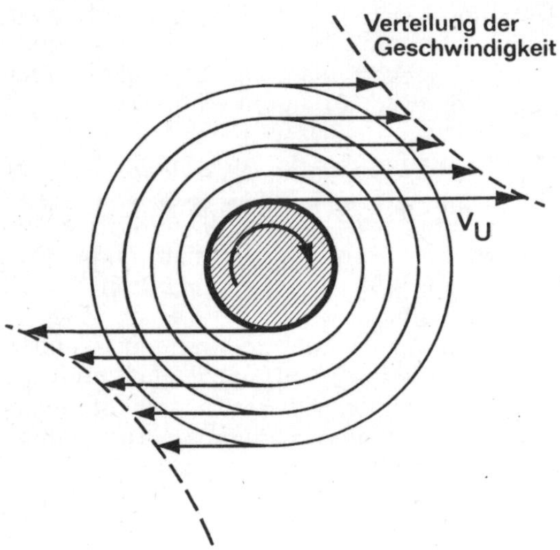

Bild 20. Strömung um einen rotierenden, aber nicht angeströmten Zylinder

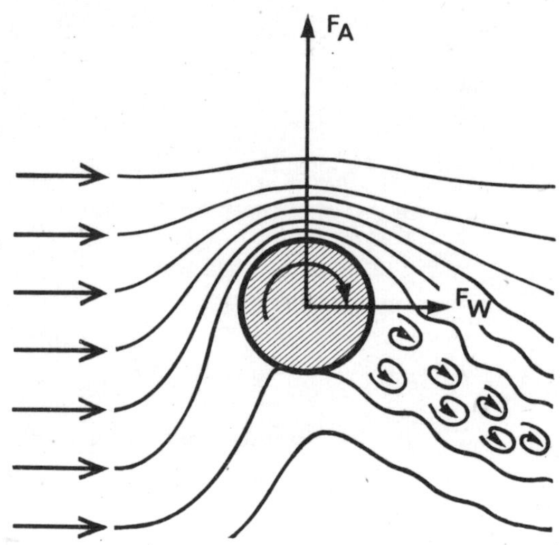

Bild 21. Strömung um einen rotierenden, angeströmten Zylinder

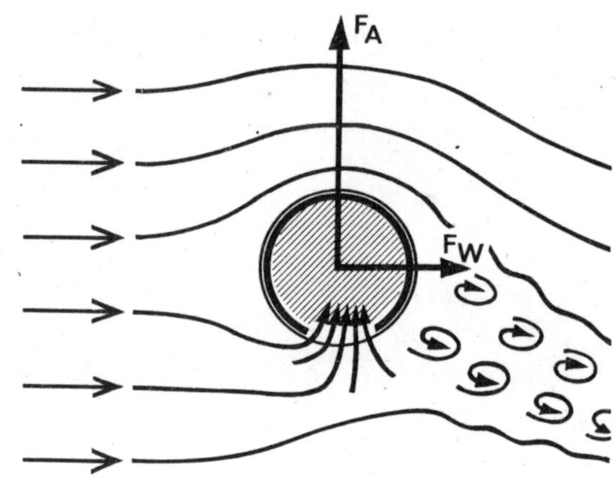

Bild 22. Strömung um einen ruhenden Zylinder mit einseitiger Absaugung

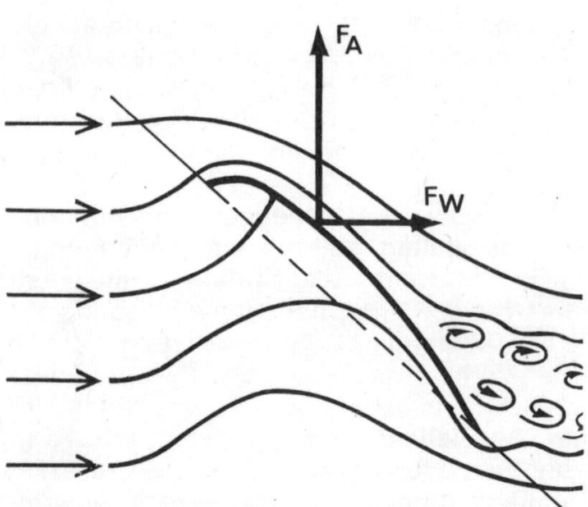

Bild 23. Reale Umströmung eines Segels mit Zirkulation

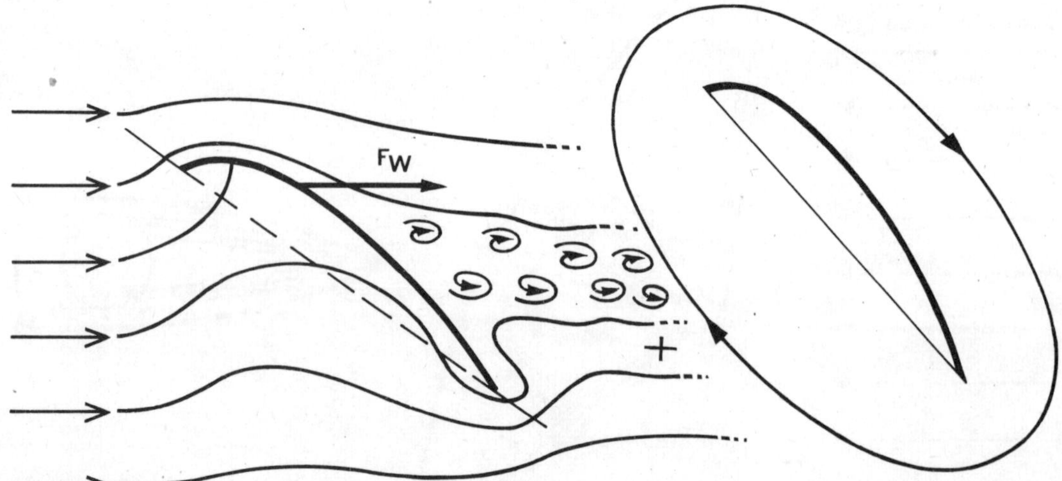

Bild 24. Reale Segelumströmung als Summe einer realen Strömung ohne Zirkulation und einer reinen Zirkulationsströmung

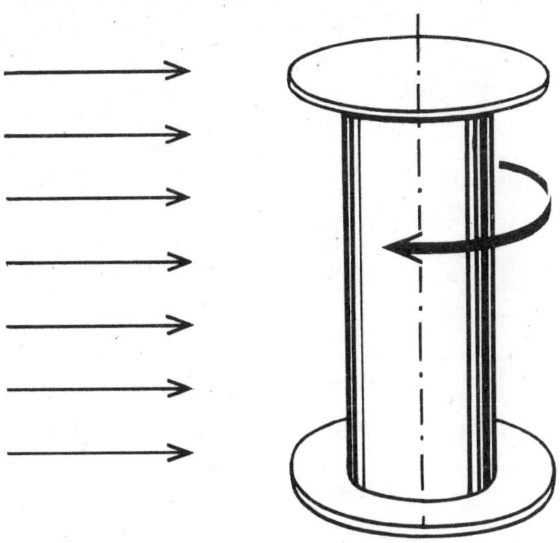

Bild 25. Flettner-Rotor mit Endscheiben

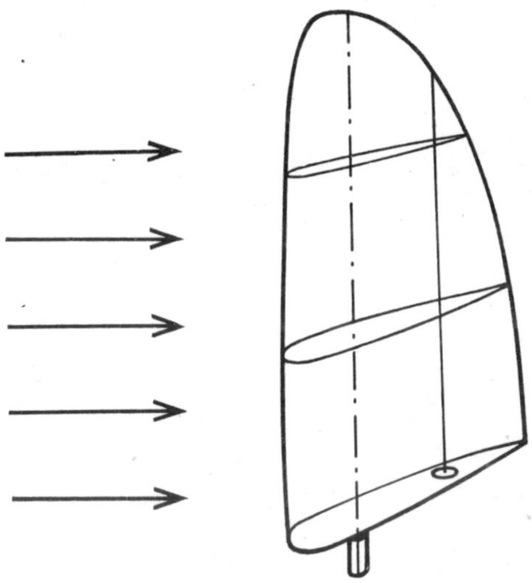

Bild 26. Elliptische Umrandung eines Flügels nach dem Schratsegelprinzip

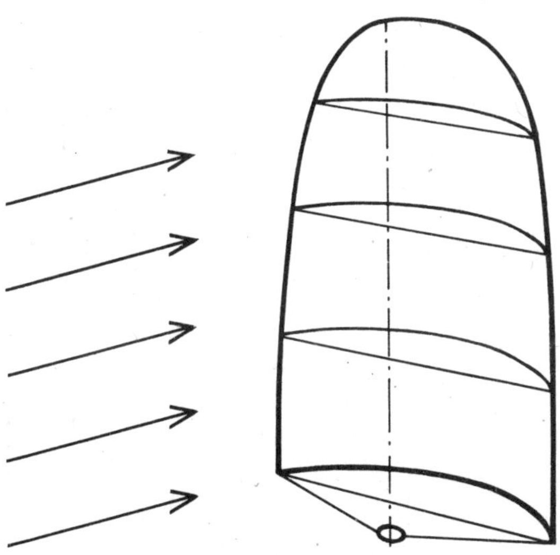

Bild 27. Elliptische Umrandung eines Flügels nach dem Rahsegelprinzip

auf der Luvseite und durch ein Abreißen der Leeströmung im letzten Segeldrittel gekennzeichnet (Bild 23). Dieses Strömungsbild läßt sich aus einer realen Umströmung ohne Zirkulation und einer reinen Zirkulationsströmung zusammensetzen (Bild 24).
Im Experiment läßt sich nachweisen, daß sich beim Beginn der Anströmung an der Segelhinterkante ein Wirbel, der Anfahrwirbel, ablöst, der mit der Zirkulationsströmung im Gleichgewicht steht [17]. Das soll zur physikalischen Begründung von Auftriebs- und Widerstandskraft genügen.
Die bisherigen Überlegungen sind auf die realen Windantriebsanlagen nicht vollständig übertragbar, weil es infolge deren endlicher Höhe und des Einflusses des Schiffes immer auch einen vertikalen Strömungsanteil gibt. Um den daraus entstehenden Verlust gering zu halten, ist es wichtig, einen Druckausgleich unterhalb und oberhalb der Anlage möglichst zu vermeiden. Das wird beim Flettner-Rotor durch *Endscheiben* erreicht (Bild 25). Modellversuche haben gezeigt, daß nur bei Rotoren von einem Höhen-Durchmesser-Verhältnis größer als 13 auf diese Endscheiben verzichtet werden kann. Bei einem realen Verhältnis von 1:5 haben sich Endscheiben mit dem 1,7fachen Durchmesser des Zylinderdurchmessers als ausreichend erwiesen. Die untere Endscheibe kann entfallen, wenn der Rotor unmittelbar auf dem Deck steht. Das wird jedoch in den meisten Fällen wegen des Decksbetriebes und der erforderlichen Sichtfreiheit von der Brücke nach vorn nicht möglich sein.
Für Segel und starre Flügel hat sich theoretisch und experimentell eine etwa *elliptische Umrandung* als günstig herausgestellt [12]. Das gilt für das Langlattensegel eines Hochgeschwindigkeitssurfbretts (s. Bild 124) genauso wie für Flügel nach dem Rahsegel- oder dem Schratsegelprinzip (Bilder 26 und 27). Wenn auf diese Form der Umrandung verzichtet wird, hat das meistens technologische Gründe. Wie beim Rotor ist es auch bei Segeln oder Flügeln wichtig, die Umströmung an der Unterseite durch eine möglichst tiefe Anbringung über dem Deck gering zu halten. Generell gilt für Segel und Flügel, daß bei gleicher Fläche ein möglichst großes Verhältnis der Höhe zur Breite Vorteile bringt. Grenzen hierfür sind durch die Stabilität des Schiffes und durch eventuell zu beachtende Höhen bei Brückendurchfahrten gesetzt.
Der Sinn der Einführung der Kraftbeiwerte C_A und C_W anstatt der Kräfte F_A und F_W besteht darin, daß mit ihrer Hilfe Winddruckflächen bzw. Rotoren mit unterschiedlichen Flächengrößen bei unterschiedlichen Anströmgeschwindigkeiten miteinander verglichen werden können. Das ist aber nur dann möglich, wenn Flächengrößen bzw. Anströmgeschwindigkeiten auf den prinzipiellen Charakter der Umströmung keinen Einfluß haben und die Kraftgrößen wirklich nur einfach bzw. quadratisch beeinflussen. Es hat sich gezeigt, daß das in einem bestimmten Bereich der Ähnlichkeitszahl *Re* (Reynolds-Zahl) zutrifft. Dabei ist

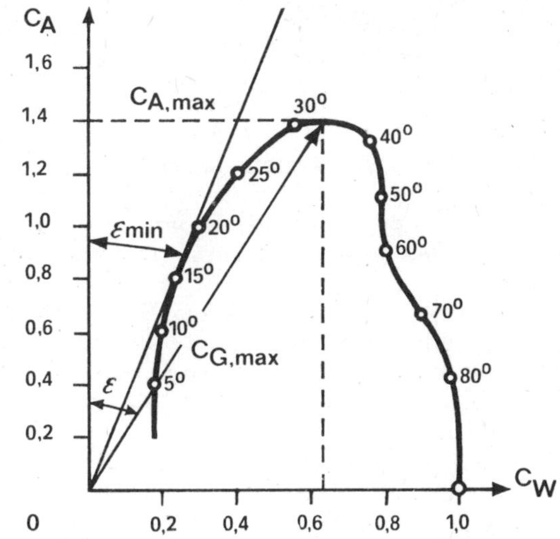

Bild 28. C_A-C_W-Diagramm, die „Segelpolare"

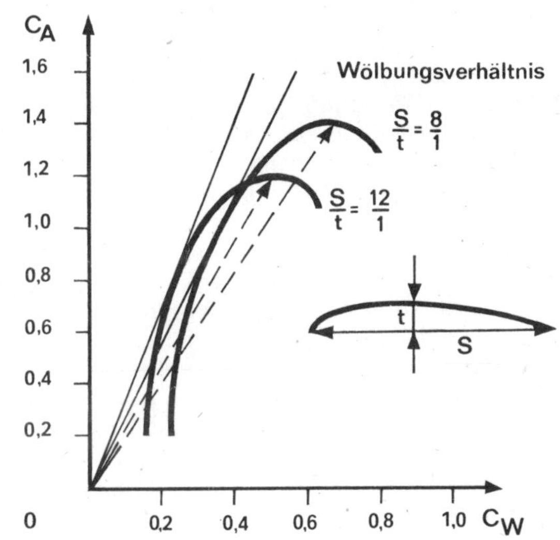

Bild 29. Einfluß verschiedener Profilwölbungen in der Segelpolare

$$Re = \frac{V_a \cdot L}{\gamma}$$

mit der Anströmgeschwindigkeit V_a, der charakteristischen Körperlänge L in Strömungsrichtung und dem Quotienten γ aus Zähigkeit und Dichte der Luft.
Bei Segeln bzw. tragflügelähnlich gekrümmten starren Flächen gelingt der Vergleich

verschieden gestalteter Typen am besten durch eine Darstellung im C_A-C_W-Diagramm (Bild 28). Die Verbindung aller Punkte, die jeweils einem bestimmten Anstellwinkel α entsprechen, ergibt die Segelpolare. Bei einem bestimmten Anstellwinkel ergibt sich der maximale Gesamtkraftbeiwert $C_{G, max}$. Oft tritt bei diesem Winkel auch der maximale Auftriebsbeiwert $C_{A, max}$ auf. Der Anstellwinkel für das günstigste Verhältnis C_A zu C_W, ausgedrückt durch ε_{min}, ist wesentlich geringer und, wie sich noch zeigen wird, für das Segeln auf dem Amwindkurs von großer Bedeutung.

Die Segelpolare $C_A = f(C_W)$ ist nicht nur eine sehr aussagefähige Darstellung der physikalischen Zusammenhänge am Segel bzw. Tragflügel, sondern sie ist auch die Grundlage für die automatische Einstellung günstiger Anstellwinkel.

An zwei Beispielen sei noch der Einfluß verschiedener Profilwölbungen und verschiedener Umrandungen der Winddruckflächen gezeigt. Im Bild 29 ist zu sehen, daß mit einer geringeren Wölbung nur ein kleinerer Gesamtkraftbeiwert erzielt werden kann, allerdings bei einem kleineren Wert von ε_{min}. Mit einer größeren Wölbung ergibt sich der größere Beiwert der Gesamtkraft, aber mit einem relativ noch größeren Beiwert C_W. Dies drückt sich im größeren Wert von ε_{min} aus. Im Bild 30 kommt deutlich der Vorteil einer elliptischen Segelumrandung zum Ausdruck. Bei gleichem Wölbungsverhältnis von 12:1 ergeben die Messungen an gleich großen Segeln für das elliptische Segel eindeutige Vorteile [12].

Aus den in den Bildern 28, 29 und 30 gezeigten Segelpolaren geht hervor, daß Auftriebsbeiwerte von 1,4 bis 1,45 bei Widerstandsbeiwerten von 0,4 bis 0,6 real sind. Für starre Flächen sind Auftriebsbeiwerte von 1,4 bis 1,5 bei Widerstandsbeiwerten von 0,2 bis 0,3 erreichbar. Mit aerodynamisch sehr günstig gestalteten Flächen kann ein minimaler Winkel ε von 8 bis 10° erreicht werden.

Derartig kleine Verhältnisse von Widerstand zu Auftrieb sind beim rotierenden Zylinder leider nicht möglich. Dafür erreicht der Auftriebsbeiwert C_A bei einem Verhältnis der Umfangsgeschwindigkeit V_U des Rotors zur Anströmgeschwindigkeit V_a von etwa 4 den erstaunlich hohen Wert von 9. Die erforderliche Kreisfrequenz ω des Rotors ergibt sich aus folgender Beziehung (s. auch Bild 31):

$$\omega = \frac{V_U}{r} \approx \frac{4}{r} \cdot V_a \text{ mit } \omega = \frac{\pi \cdot n}{30};$$

n ist die Drehzahl je Minute.

Obwohl für den Betrieb des Flettner-Rotors Rotationsenergie erforderlich ist, kann diese hohe Ausnutzung der projizierten Fläche für

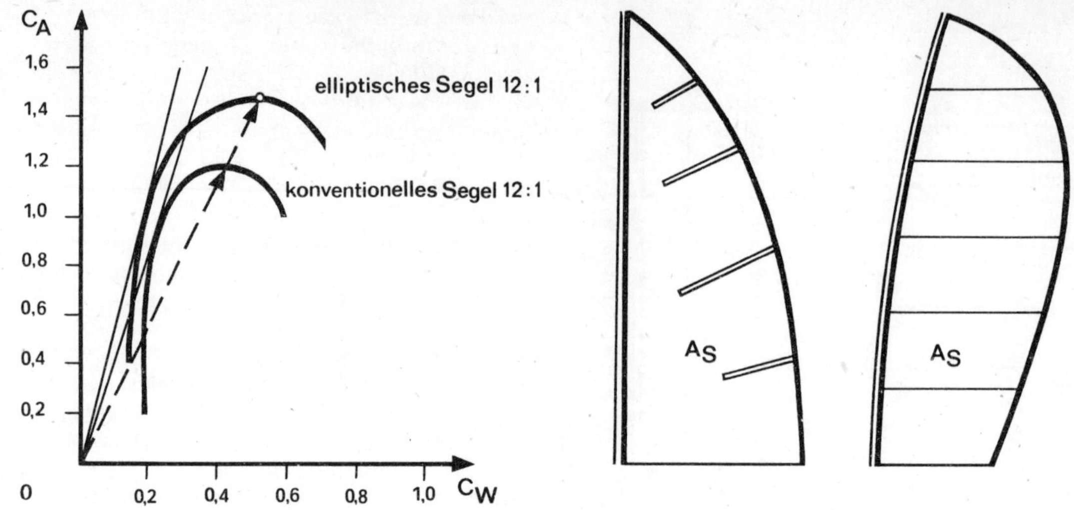

Bild 30. Einfluß verschiedener Umrandungen in der Segelpolare

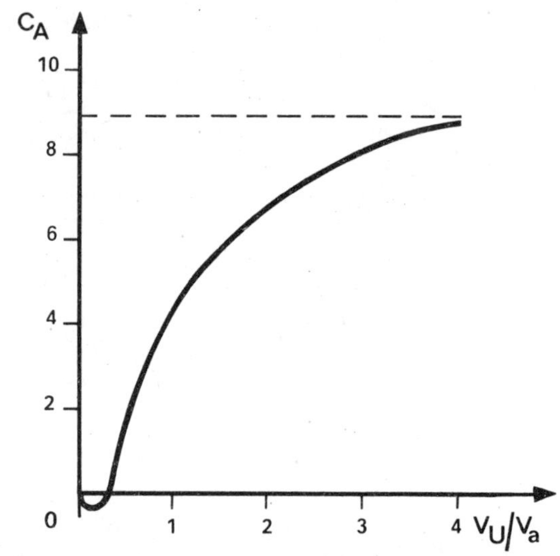

Bild 31. Zusammenhang zwischen Auftriebsbeiwert und Geschwindigkeitsverhältnis beim Rotor

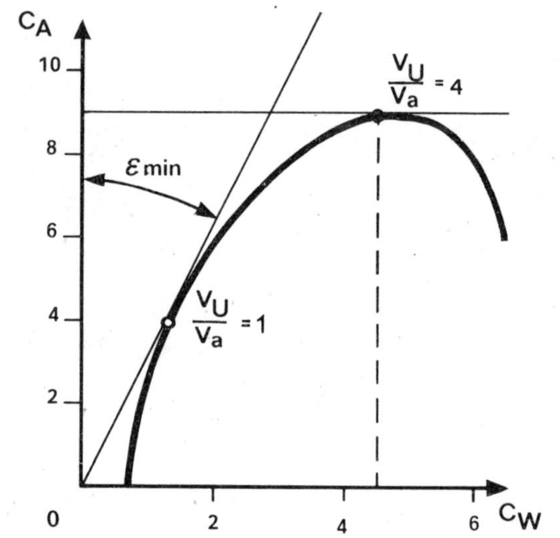

Bild 32. Segelpolare für den Rotor

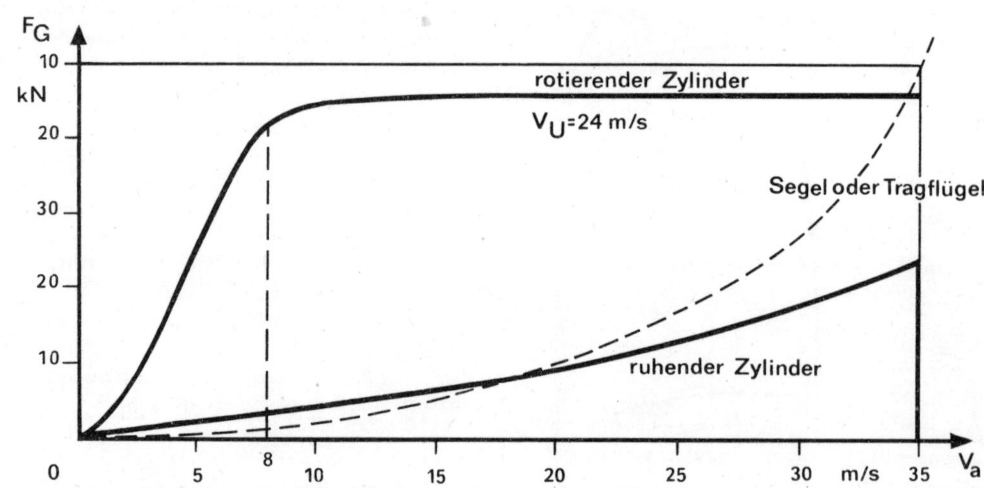

Bild 33. Anstieg der Gesamtkraft mit der Anströmgeschwindigkeit beim Rotor

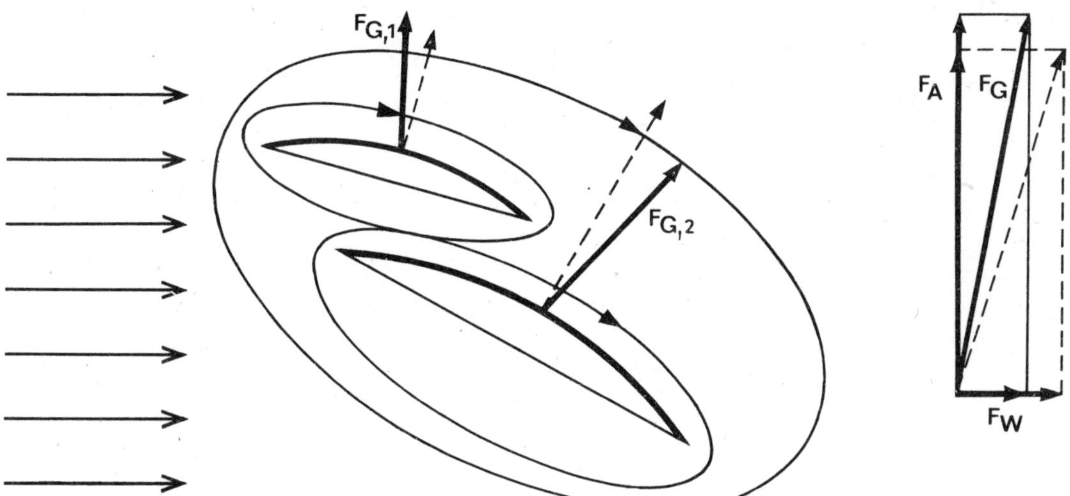

Bild 34. Wirkung eines Vorflügels

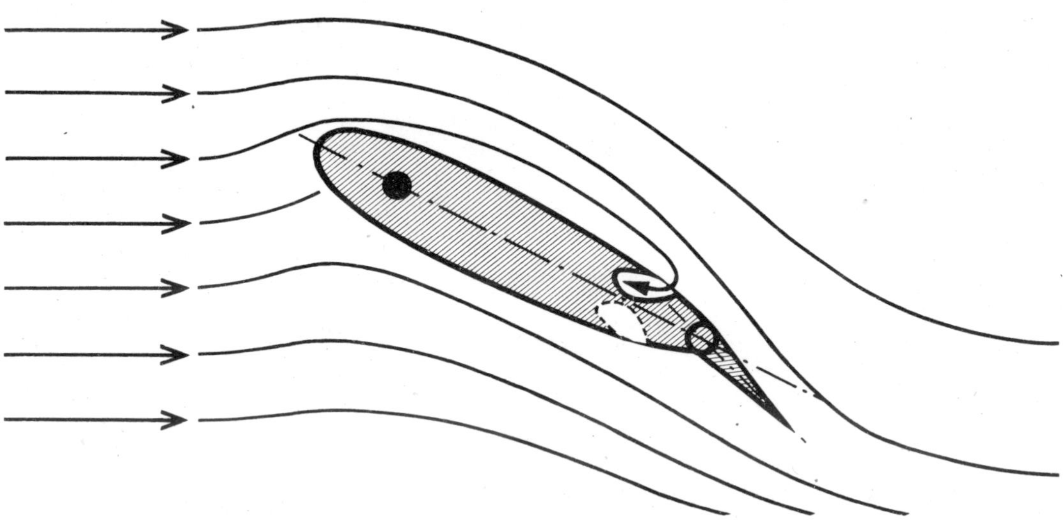

Bild 35. Flügelprofil mit Grenzschichtabsaugung und schwenkbarer Flügelklappe

den Auftrieb nicht übersehen werden. Der Zusammenhang $C_A = f(C_W)$ für verschiedene Verhältnisse V_U/V_a ergibt eine den Segelpolaren ähnliche Kurve (Bild 32).
Danach wird der Auftriebsbeiwert von 9 bei einem Widerstandsbeiwert von 4,5 erreicht. Der kleinste Winkel ε_{min} ergibt sich mit etwa 15° bei einem Auftriebsbeiwert von etwa 4. Damit kann in den Fällen, in denen es um einen kleinen Winkel geht, der Rotor nur zu einem Teil genutzt werden.
Noch ein interessanter Zusammenhang unterscheidet den Rotor vom Segel. Bei einer plötzlichen Zunahme der Anströmgeschwindigkeit, z. B. durch eine Gewitterböe, nimmt das Verhältnis V_U/V_a sofort ab. Die Folge ist eine Verringerung von C_A und C_W. Die Verminderung des Gesamtbeiwertes C_G mit dem Ansteigen von V_a ist etwa quadratisch und läuft somit dem Kraftanstieg mit der Anströmgeschwindigkeit ziemlich genau entgegen. Die Folge ist, daß mit der Zunahme der Windgeschwindigkeit kein Anstieg der Gesamtkraft einhergeht. Diese bleibt etwa konstant.
Aus dem Beispiel im Bild 33 ist zu ersehen, daß ab $V_a = 8$ m/s die Gesamtkraft mit zunehmendem Wind nur noch unwesentlich zunimmt [12]. Zum Vergleich sind im Bild 33 noch der ruhende Zylinder und ein Segel oder Tragflügel eingetragen. Es wird deutlich, daß oberhalb einer bestimmten Anströmgeschwindigkeit die Segel bzw. Tragflügel gerefft bzw. weggeklappt werden müssen. Dieses Problem ist beim Flettner-Rotor nicht vorhanden, wäre allerdings auch nur mit einer teleskopartigen Variante lösbar (s. Abschnitt „Windschiffe von morgen").
Insbesondere bei der Verwendung von Winddruckflächen für den Schiffsantrieb sind Maßnahmen von Interesse, mit denen eine Erhöhung des Auftriebsbeiwertes ohne wesentliche Zunahme des Widerstandsbeiwertes zu erreichen ist. Auf die Notwendigkeit von *Flügelklappen* wurde bereits bei der Anwendung des Schratsegelprinzips mittels eines symmetrischen Flügels hingewiesen. Ein solcher Flügel bringt ohne Klappe einen Auftriebsbeiwert von höchstens 1,0. Mit Hilfe der Klappe gelingt eine Erhöhung des Beiwertes bis auf 1,4.
Eine weitere Verbesserung ist mit einer *schwenkbaren Flügelnase* zu erreichen. Die wohl am besten bewährte Methode zur Auftriebserhöhung ist die Benutzung eines *Vorflügels oder Vorsegels.* Die im Bild 34 gestrichelt gezeichneten Gesamtkräfte an beiden Segeln würden sich ohne gegenseitige Beeinflussung ergeben. Diese wird sichtbar, wenn die Gesamtzirkulation in zwei Anteile aufgeteilt wird. Das Vorsegel wird bedeutend effektiver, das Großsegel verliert an Wirksamkeit. Insgesamt ist die Kombination jedoch wirksamer als die sich aus zwei Einzelsegeln ergebende Summe. Das zeigt der Vergleich der resultierenden Gesamtkräfte mit und ohne Beeinflussung. Auf diese Weise können Gesamtauftriebsbeiwerte bis 1,7 erreicht werden.
Eine weitere Möglichkeit der Auftriebserhöhung ist das *Absaugen der Strömung* in Flügelnähe im hinteren Bereich der Saugseite (Bild 35) [17]. Da der Druck an der Saugseite im hinteren Bereich wieder ansteigt, neigt die dem Flügel sehr nahe, verwirbelte Schicht zur Ablösung. Durch ein Absaugen dieser Grenzschicht in das Flügelinnere kann das Ablösen verhindert oder zumindest weiter nach hinten verlagert werden. Die Folge dieser Maßnahme, gekoppelt mit einer schwenkbaren Flügelklappe, sind Auftriebsbeiwerte bis etwa 2,0.
Auf die Möglichkeit, mittels einseitiger Absaugung auch am feststehenden Zylinder mit kreisförmigem oder elliptischem Querschnitt einen Auftrieb zu erzeugen, war bereits hingewiesen worden. Bei der Nutzung des Prinzips der Grenzschichtabsaugung bietet es sich an, den Unterdruck durch einen Ventilator in der oberen Abdeckung eines Flügels zu erzeugen und die abgesaugte Luft nach oben auszublasen (Bild 36).
Schließlich ist die *Kombination von Flügel und Rotor* denkbar (Bild 37) [12]. Durch den im vorderen Flügelteil eingebauten Rotor wird der Grenzschicht an der Saugseite Energie zugeführt und an der Druckseite Energie entzogen. Infolgedessen löst sich die Strömung an der Saugseite erst weit hinten ab. An der Druckseite entsteht ein weiterer Druckanstieg. Modellversuche haben gezeigt, daß auf diese Weise mit einer relativ geringen Rotationsenergie Auftriebsbei-

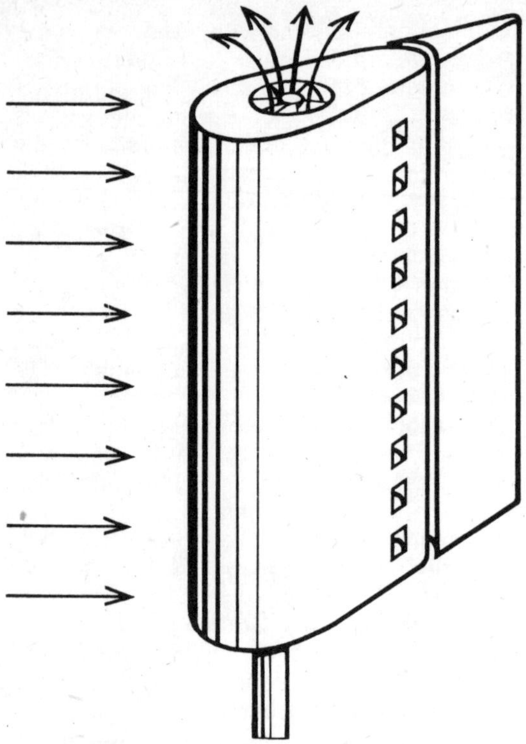

Bild 36. *Flügel mit Grenzschichtabsaugung, das „Turbosegel“*

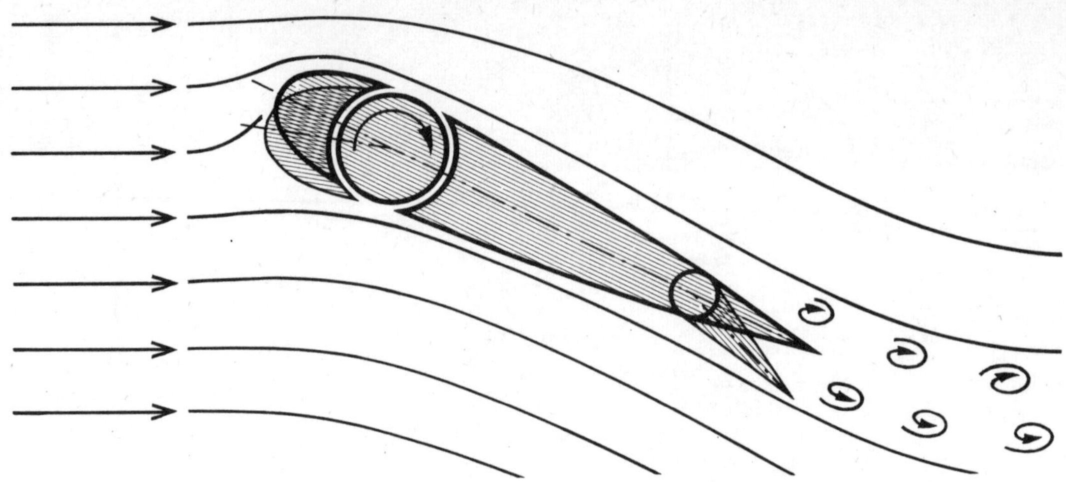

Bild 37. *Kombination von Flügel mit Schwenknase und Flügelklappe mit dem Rotor*

werte bis 2,5 erzielt werden können. Wenn außerdem die Flügelnase schwenkbar ist, läßt sich sogar ein Wert von 3,0 erreichen [12].

Aussagen über Windflügelräder und Windschaufelräder sind im Rahmen dieses Buches nur sinnvoll, wenn es tatsächlich gelingt, mit diesen Rädern Windenergie effektiv in Bewegungsenergie der Schiffe umzusetzen. Lange Zeit war die Frage umstritten, ob mit einem propellergetriebenen Fahrzeug, dessen Propulsionsenergie ausschließlich dem Wind entnommen wurde, direkt gegen den Wind gefahren werden könne. Die folgenden Überlegungen zeigen, daß das möglich sein muß.

Mit einem *Windflügelrad* an einer horizontalen Achse, das auf einem vor Anker liegenden Schiff montiert ist, läßt sich eine mechanische Leistung erzeugen. Diese Leistung kann auf mechanischem Weg mittels Getrieben und Umlenkungen in eine Propellerschubleistung umgewandelt werden. Die Umwandlung kann auch auf elektrischem Weg geschehen, indem das Windflügelrad einen Generator antreibt. Die erzeugte elektrische Leistung wird dann zum Antrieb eines Antriebsmotors für den Propeller verwendet. Die vom Propeller erzeugte Schubkraft muß größer sein als die Windwiderstandskraft auf das Schiff einschließlich Windrad. Das ist möglich, wenn das Windflügelrad groß genug und für kleine Drehzahlen konzipiert ist und wenn die Verluste bei der Umwandlung der Drehleistung in Schubleistung gering sind. Dazu ist u. a. ein großer, langsam drehender Propeller nötig. Das Schiff wird sich in diesem Fall tatsächlich gegen den Wind bewegen.

Da der Wirkungsgrad der Umwandlung mit steigenden Drehzahlen des Windrades und des Propellers abnimmt, der Windwiderstand des gesamten Schiffes bei steigender

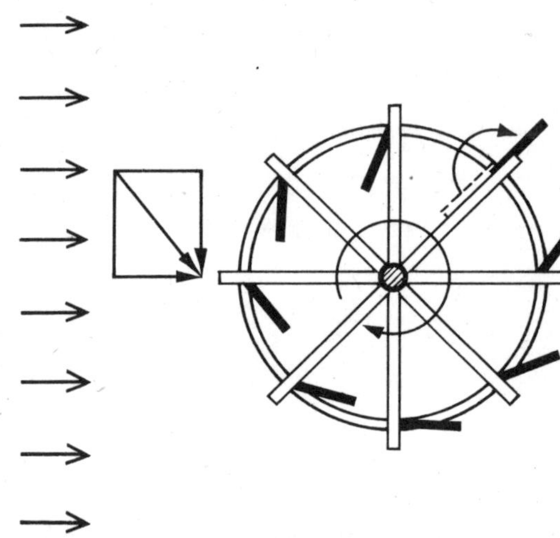

Bild 38. *Modellvorstellung eines Windschaufelrades*

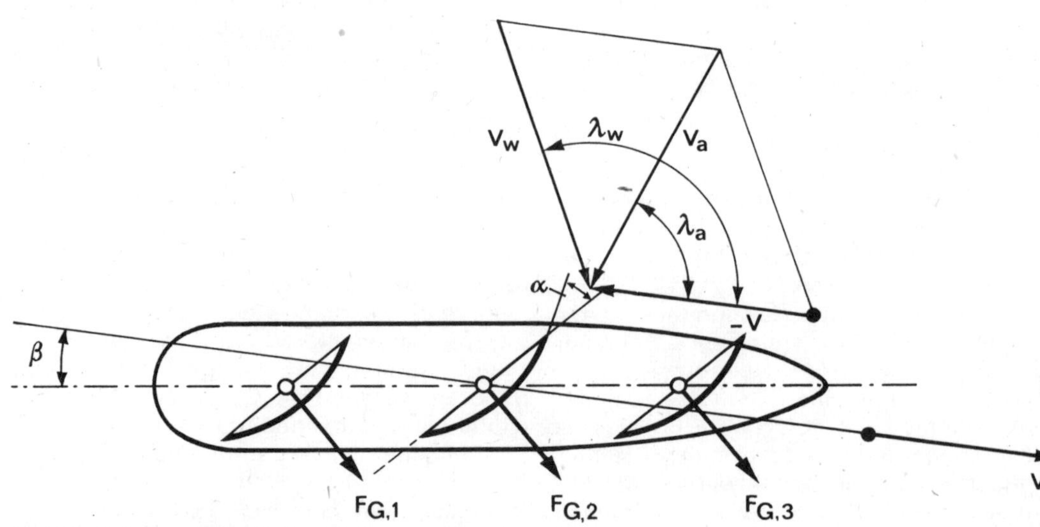

Bild 39. *Kräfte und Geschwindigkeiten an einem Windschiff*

Geschwindigkeit jedoch stark zunimmt, wird das Schiff bald eine Grenzgeschwindigkeit erreicht haben. Versuche auf dem Land und auf dem Wasser haben gezeigt, daß das Prinzip funktioniert [12]. Über die erforderliche Größe der Windräder und den notwendigen Wirkungsgrad der Energieumwandlung werden Aussagen im Abschnitt „Windschiffe von morgen" gemacht. Allerdings haben sie sich in der Praxis noch nicht ausreichend bestätigt. Es steht aber außer Frage, daß der Flügelraddurchmesser nicht wesentlich kleiner als die Schiffslänge sein darf. Außerdem müssen Windrad und Propeller in ihren Drehzahlen so abgestimmt sein, daß eine möglichst große Energienutzung möglich ist. Die technischen Ausführungen der Windflügelräder dürften denen ähnlich sein, die heute in windsicheren Gebieten wieder öfter zur zusätzlichen Erzeugung von Elektroenergie anzutreffen sind. Eine Anwendung des Prinzips ist unter den genannten Bedingungen auf Schiffen gegenwärtig kaum abzusehen.
Auch das Prinzip des *Windschaufelrades* ist für den Schiffsantrieb denkbar. Dabei wird eine Anzahl von Flügeln auf einem waagerechten Kreis herumgeführt. Diese Flügel können durch einen komplizierten Steuermechanismus so geführt werden, daß sie immer einen größtmöglichen Beitrag zur Umfangskraft liefern. Eine einfache Vorstellung davon gelingt an einem Modell

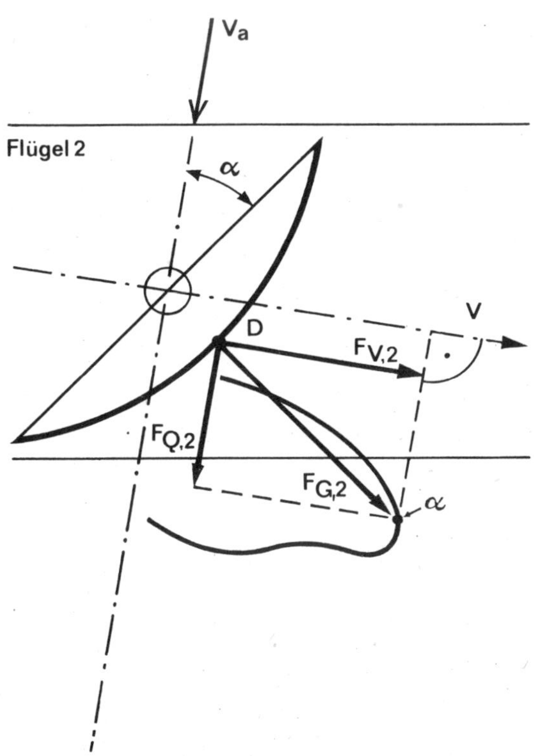

Bild 40. Aufteilung der Windkraft in Vortrieb und Querkraft und Einfluß des Anstellwinkels α

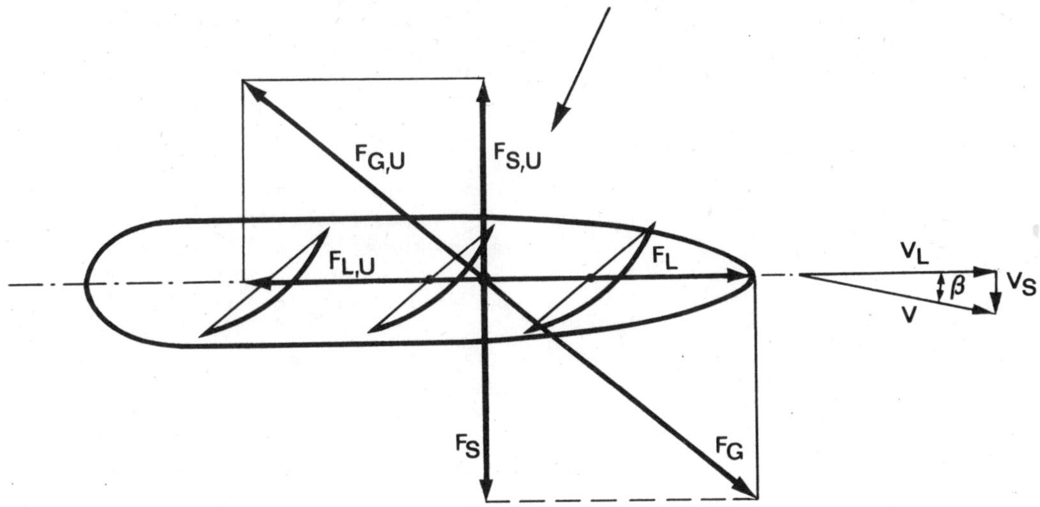

Bild 41. Kräftegleichgewicht am Windschiff

(Bild 38). Auf einem Ring, der mittels Streben mit der Welle verbunden ist, befinden sich Klappbleche an vertikalen Achsen. Diese Bleche können ähnlich einem Schratsegel um 180° herumklappen. Das Rad wird sich in der angegebenen Richtung drehen.
Schaufelräder erlangen eine größere Bedeutung, wenn sie sich an der Grenze verschieden dichter Medien bewegen. Für den reinen Betrieb in der Luft muß aus heutiger Sicht den propellerartigen Windflügelrädern der Vorrang gegeben werden. Schaufelräder an vertikalen Achsen sind allerdings Windflügelrädern an horizontalen Achsen durch ihre Unabhängigkeit von der Richtung des anströmenden Windes überlegen. Daher ist eine eindeutige Prognose gegenwärtig nicht möglich.
Nach diesen Aussagen über Gestaltung und Funktion der Windantriebsanlagen soll ihr Zusammenwirken mit dem Schiff untersucht werden. Dabei spielt die Eigengeschwindigkeit des Schiffes eine große Rolle. Sie hat zur Folge, daß die Windantriebsanlagen immer mit einem relativen Wind angeströmt werden. Dieser anströmende Wind, auch scheinbarer Wind oder Bordwind genannt, ist die resultierende Luftgeschwindigkeit aus wahrem Wind und Fahrtwind. Der Zusammenhang gewinnt noch an Bedeutung, wenn Wind- und Motorenantrieb gemeinsam genutzt werden. Dann erhält das Schiff eine relativ hohe Geschwindigkeit, die z. B. auf Vorwindkursen den scheinbaren Wind fast völlig zum Verschwinden bringen kann. Für dieses Schiff verliert der für die frühere Segelschiffahrt so wichtige Vorwindkurs weitgehend seine Bedeutung.
Die Zusammenhänge am nur durch Wind getriebenen Schiff sind einfach zu übersehen (Bild 39). Aus der wahren Windgeschwindigkeit V_w mit dem Winkel λ_w zum Kurs und dem Fahrtwind, der der Schiffsgeschwindigkeit V genau entgegengerichtet ist, resultiert der scheinbare Wind V_a mit dem Winkel λ_a zum Kurs. Die Windflügel, in diesem Fall Flügel nach dem Rahsegelprinzip, werden mit einem Anstellwinkel α zwischen Profilsehne und scheinbarem Wind so eingestellt, daß die entstehenden Gesamtkräfte $F_{G,1}$, $F_{G,2}$ und $F_{G,3}$ möglichst große Komponenten in Kursrichtung besitzen. Um diesen Winkel z. B. für den zweiten Flügel herauszufinden, wird die Segelpolare für diesen Flügel mit ihrem Koordinatenursprung in den Angriffspunkt der Gesamt-

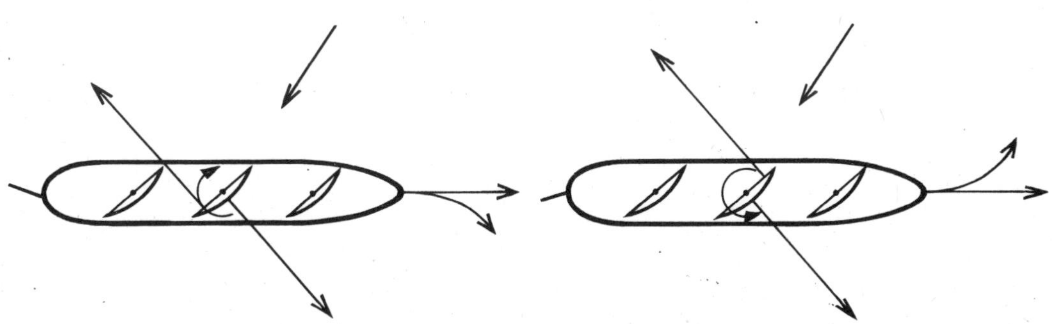
Bild 42. Lee- und Luvgierigkeit von Windschiffen

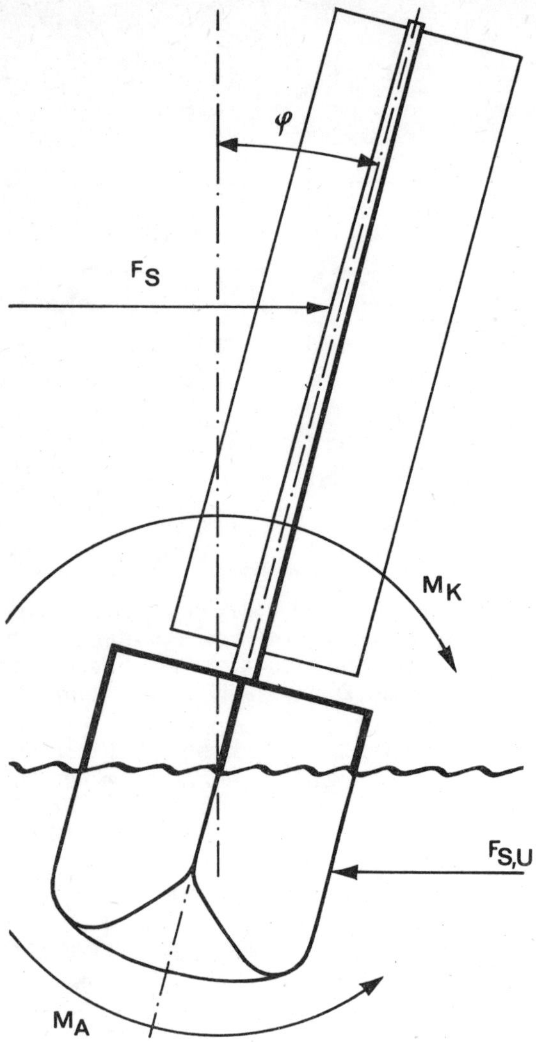

Bild 43. Krängung und Momentengleichgewicht beim Windschiff

kraft, den Druckpunkt D, gelegt (Bild 40). An die Segelpolare wird eine zum Kurs senkrechte Tangente konstruiert. Der zu diesem Punkt gehörende Anstellwinkel α ist der günstigste. Der dazugehörige Gesamtkraftbeiwert ergibt die Gesamtkraft $F_{G,2}$. Sie kann in eine Komponente in Kursrichtung, die Vortriebskomponente $F_{V,2}$, und in eine quer zum Kurs wirkende Komponente, die Querkraftkomponente $F_{Q,2}$, zerlegt werden.
Die quer zum Kurs wirkende Kraft $F_{Q,2}$, die sich nur unwesentlich von der quer zur Schiffslängsachse wirkenden Kraft unterscheidet, ist dafür verantwortlich, daß der Driftwinkel oder Gierwinkel β unvermeidlich auftritt (Bild 41). Um das zu verstehen, wird die an allen drei Flügeln wirkende, resultierende Gesamtkraft F_G in die Längskraft F_L und die Seitenkraft F_S zerlegt. In erster Näherung kann davon ausgegangen werden, daß die Längskraft F_L dem Schiff die Längsgeschwindigkeit V_L verleiht; die Seitenkraft F_S verursacht eine Quergeschwindigkeit V_S. Die Resultierende beider Geschwindigkeiten ist die Schiffsgeschwindigkeit V in Kursrichtung mit dem Driftwinkel β zur Schiffslängsachse.
Die Folge der Quergeschwindigkeit V_S ist die Unterwasserseitenkraft (auch Unterwasserseitenwiderstand) $F_{S,U}$. Die Längsgeschwindigkeit V_L verursacht den Widerstand $F_{L,U}$. Die Resultierende beider Kräfte, die Unterwassergesamtkraft $F_{G,U}$, ist der Überwassergesamtkraft F_G genau entgegengerichtet, gleich groß und greift am gleichen Punkt an. Nur dann fährt das Schiff mit konstanter Geschwindigkeit auf gerader Bahn. Sollten die Wirkungslinien beider Gesamtkräfte einmal nicht übereinander, sondern parallel liegen, kann das Schiff nur durch einen Ruderausschlag auf geradem Kurs gehalten werden (Bild 42). Ansonsten würde es nach Lee oder nach Luv ausweichen.
Es ist aber der große Vorteil windgetriebener Schiffe, daß durch eine geeignete Einstellung der Windantriebsanlagen das Momentengleichgewicht fast immer hergestellt werden kann. Dadurch kann das Schiff ohne Ruderausschlag auf geradem Kurs laufen. Um ganz sicher zu gehen, empfiehlt sich ein Steuerflügel auf dem Achterschiff, ähnlich dem Besansegel der Barken. Natürlich kann ein windgetriebenes Schiff mit mehreren Flügeln auch ohne Ruderausschlag gekrümmte Bahnen fahren. Durch eine geeignete Zuordnung der Flügel kann es auch fast auf der Stelle drehen.
Was bisher nicht beachtet wurde, ist der Tatbestand, daß die Überwassergesamtkraft F_G weit über der Unterwassergesamtkraft $F_{G,U}$ angreift (Bild 43). Das führt unweigerlich zu einer Schräglage des Schiffes, der Krängung. Bei steigendem Krängungswinkel φ nimmt das aufrichtende Moment zu. Das ist eine Eigenschaft jedes Schiffes. Das Krängungsmoment nimmt dagegen ab. Bei einem bestimmten Winkel φ stellt sich ein stabiler Zustand ein.
In der modernen Seeschiffahrt wird im Gegensatz zur traditionellen Segelschiffahrt das zulässige Krängungsmoment unter Beachtung der seegangsbedingten Schiffsbewegungen und plötzlichen Windböen nach einer strengen Vorschrift berechnet. Das war durch die vielen Kenterungen in der Geschichte der Seefahrt notwendig geworden. Als Folge davon hat ein nach den Vorschriften der dynamischen Stabilität konstruiertes Schiff in der Regel ein so großes aufrichtendes Moment, daß bei Fahrt mit einer Windantriebsanlage der statische Krängungswinkel in der Regel nicht mehr als 10° beträgt. Infolge Seeganges ändert sich dieser Wert nicht wesentlich, da die Windantriebsanlage die Rollbewegungen des Schiffes stark dämpft. Das ist ein weiterer großer Vorteil windgetriebener Schiffe.
Die möglichen Geschwindigkeiten von Schiffen mit Motor- und Windantrieb hän-

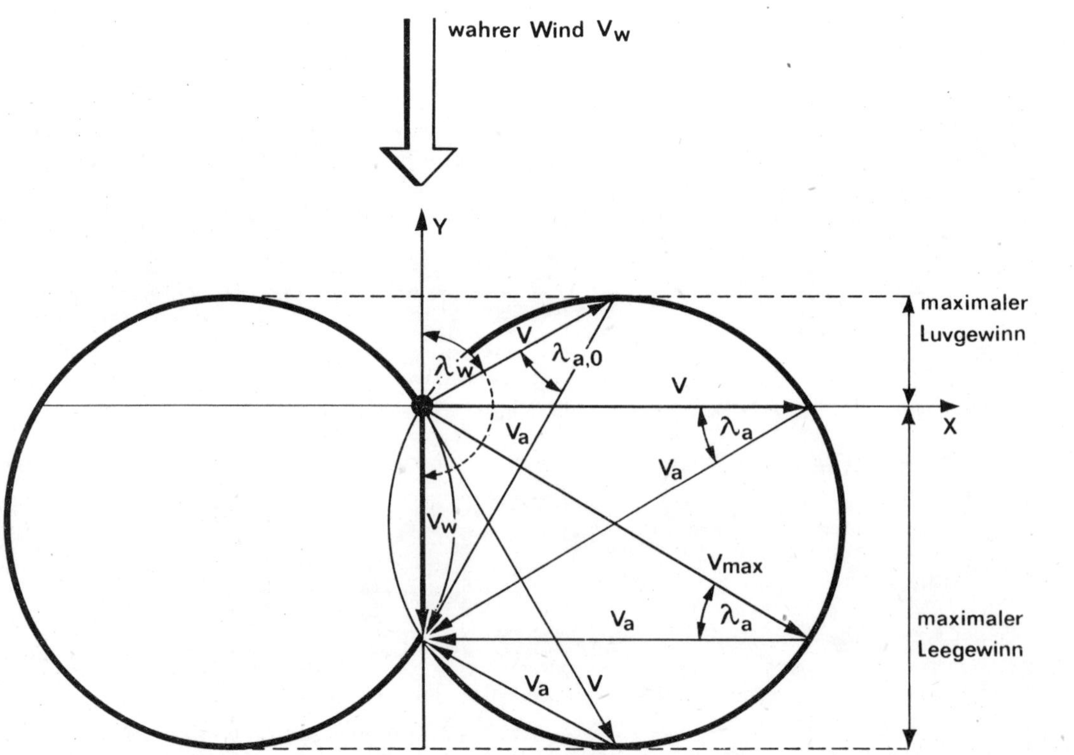

Bild 44. Geschwindigkeitspolardiagramm für eine Eisyacht

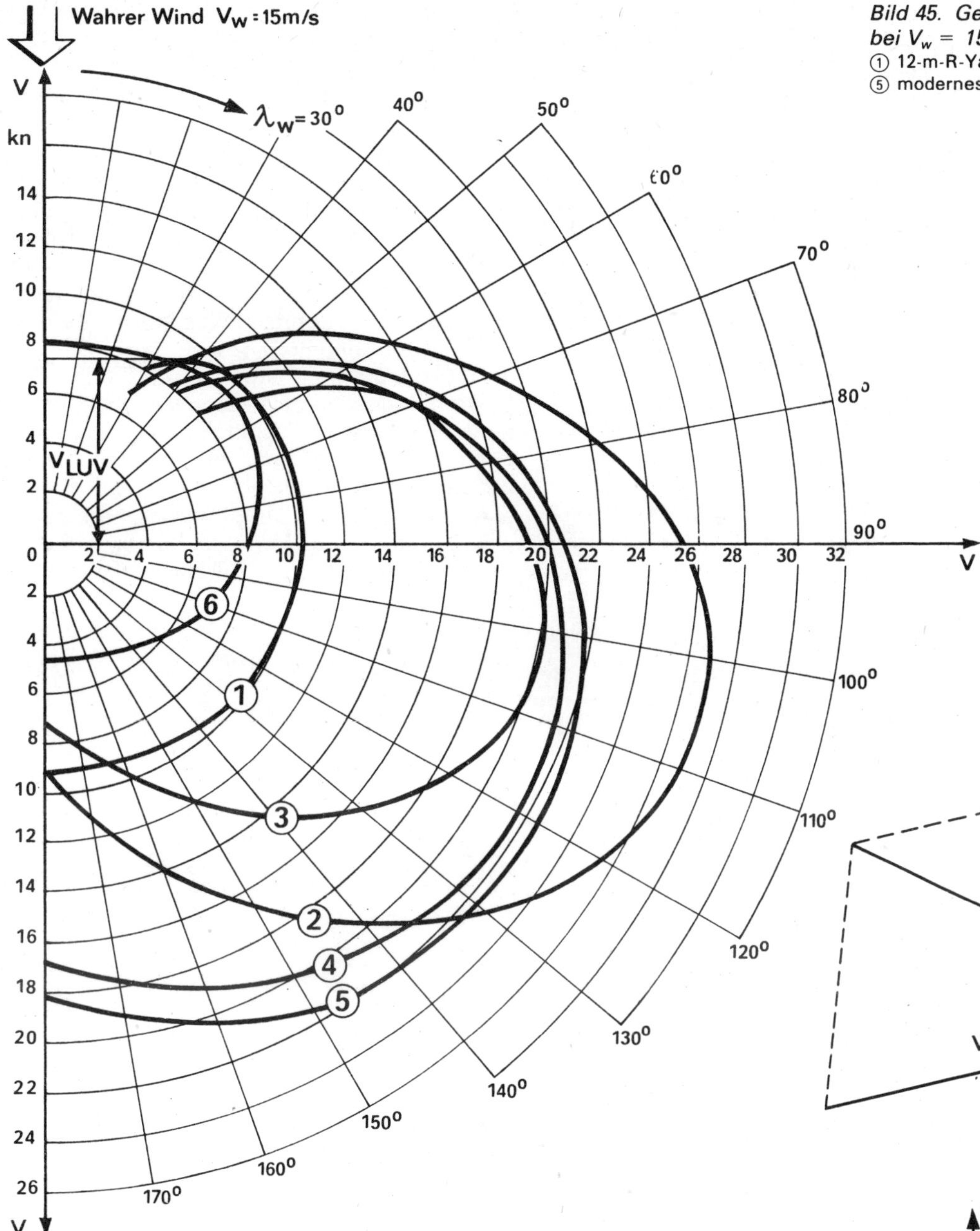

Bild 45. Geschwindigkeitspolardiagramm für ausgewählte Windschiffe bei V_w = 15 m/s (Windstärke 7 Bft.)
① 12-m-R-Yacht; ② Rennkatamaran; ③ Rotorschiff; ④ Vollschiff; ⑤ modernes Windschiff; ⑥ Windmühlenschiff

Bild 46. Kraft- und Geschwindigkeitsverhältnisse an einem Motorschiff mit Zusatzsegelantrieb

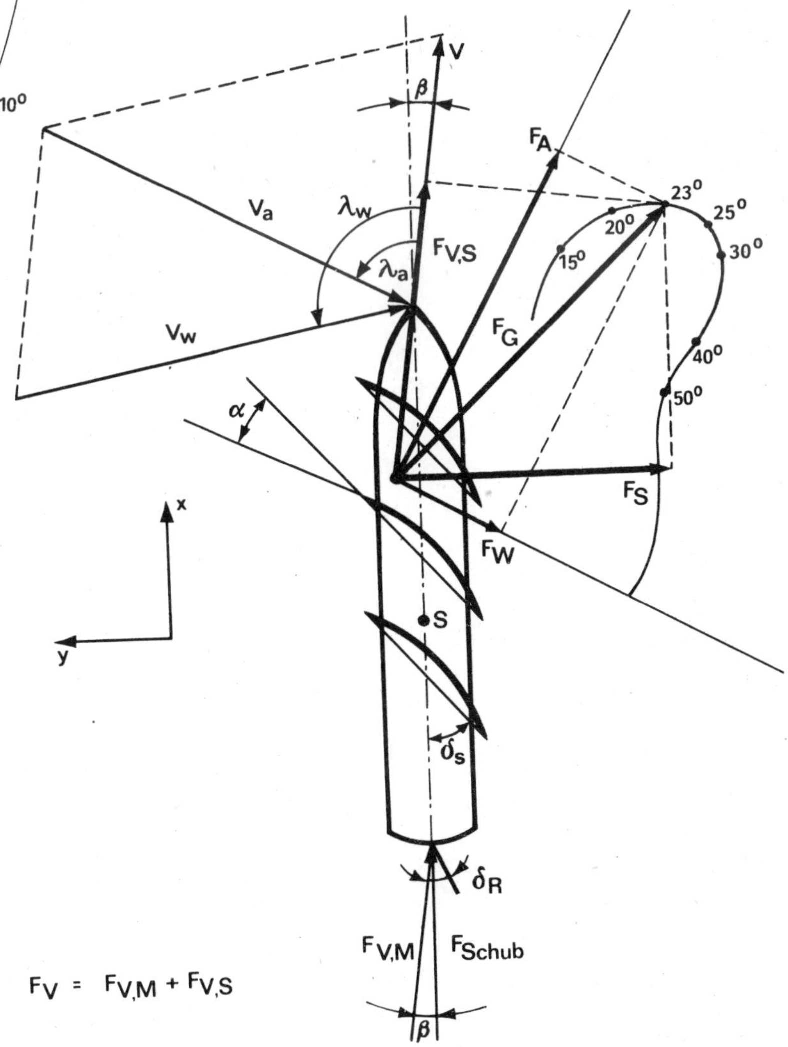

gen stark von der installierten Motorenleistung ab. Daher sollen hier nur Ergebnisse der Untersuchungen über die erreichbaren Geschwindigkeiten von reinen Windschiffen erläutert werden. Dabei wird, so kurios das auch erscheint, mit einer Eissegelyacht begonnen. Da hier bei guten Eisverhältnissen der Kufenreibungswiderstand gegenüber dem Windwiderstand der Eisyacht vernachlässigt werden kann, wird das Gerät bei allen physikalisch möglichen Kursen zum Wind so lange beschleunigen, bis sich ein konstanter Winkel $\lambda_{a,0}$ zwischen Bahnrichtung und scheinbarer Windrichtung einstellt. Die Größe dieses Winkels hängt nur noch von der Segelform ab und wird wesentlich durch den kleinsten Wert ε_{min} bestimmt.

Es läßt sich zeigen, daß sich in einem aus V und λ_w gebildeten Polardiagramm die Endpunkte der Geschwindigkeitsstrahlen auf einem Kreis befinden, dessen Durchmesser durch $\lambda_{a,0}$ und V_w bestimmt ist (Bild 44). Die stark ausgezogene Kurve ist die Geschwindigkeitspolare. Das Diagramm enthält viele interessante Informationen. Es gibt einen Winkel λ_w bei etwa 55°, bei dem die Eisyacht einen maximalen Luvgewinn erzielt. Dieser Winkel ist beim Aufkreuzen gegen den Wind zu wählen. Das scheint ungünstig zu sein. Man bedenke aber, daß bei einem Wind von 10 m/s (Windstärke 5 Bft.) die Geschwindigkeit der Eisyacht ebenfalls schon etwa 10 m/s (36 km/h) beträgt. Die maximale Geschwindigkeit ist der Durchmesser des Kreises. Sie ist in jedem Fall größer als die Windgeschwindigkeit V_w.
Gelingt es, den Winkel $\lambda_{a,0}$ sehr klein zu halten, so sind Geschwindigkeiten der Eisyacht möglich, die das 5fache der Windgeschwindigkeit V_w betragen. Bei $V_w = 10$ m/s wurden schon Geschwindigkeiten von über 100 km/h erreicht. Der größte Leegewinn wird nicht auf dem Vorwindkurs erzielt. Auf diesem Kurs kann V höchstens den Wert von V_w erreichen. Es ist also günstig, auch vor dem Wind zu kreuzen.
Die Darstellung des Geschwindigkeitspotentials von Windschiffen ist mit Hilfe der Geschwindigkeitspolare sehr anschaulich. Wegen des großen Wasserwiderstandes ist dort allerdings kein Kreis zu erwarten, und die Schiffsgeschwindigkeiten werden in der Regel unter der Windgeschwindigkeit liegen. Aus Bild 45 sind die auf unterschiedlichem Kurs zum wahren Wind von 15 m/s (Windstärke 7 Bft.) erreichbaren Geschwindigkeiten für einige grundverschiedene Schiffstypen zu ersehen. Es sind das eine 12-m-R-Rennyacht, bekannt durch die Regatten um den America's Cup, ein Rennkatamaran, ein Rotorschiff, ein Fünfmast-Rahsegel-Vollschiff, ein modernes Fünfmast-Windschiff und ein Windflügelrad-Schiff („Windmühlenschiff").
Für das Fünfmast-Vollschiff wurden die Werte der „Preußen" zugrunde gelegt (5560 m² Segelfläche). Das Rotorschiff und das moderne Fünfmast-Windschiff sollen ähnliche Größenordnungen haben. Die 12-m-R-Rennyacht und der Hochleistungskatamaran sind natürlich wesentlich kleiner. Da ein Windflügelrad von 80 m Durchmesser kaum zu beherrschen ist, muß auch das Windmühlenschiff kleiner sein. Die Kurven sind also nur bedingt miteinander vergleichbar und zeigen nur die prinzipiellen Unterschiede.
Die *12-m-R-Rennyacht* ist wegen ihrer geringen Länge von rd. 15 m auf Kursen mit größerem Kurswinkel zum Wind natürlich unter-

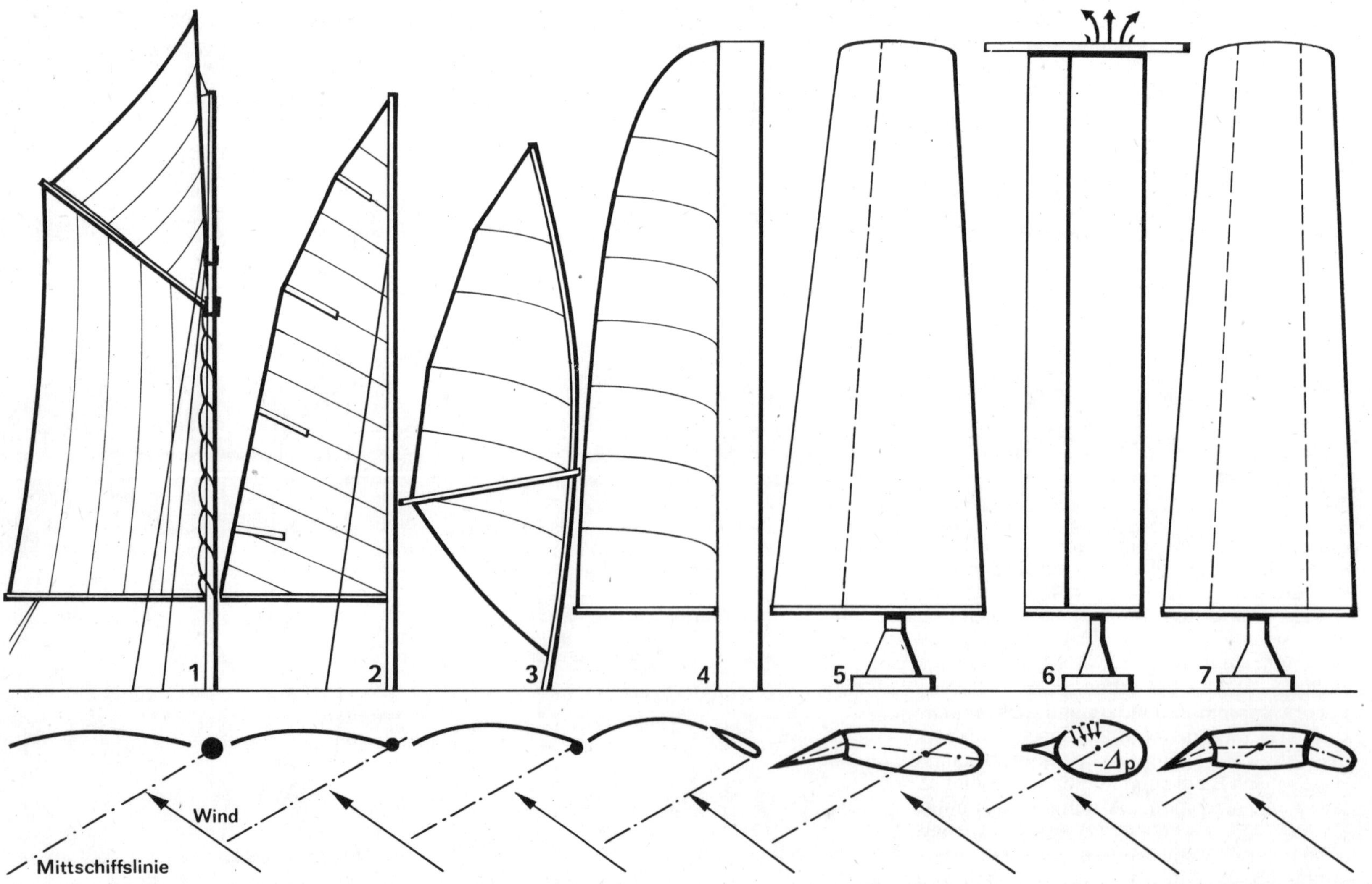

Bild 47. Schratsegelprinzip vom Gaffelsegel zum Flügel als Übersicht
1 Gaffelsegel; *2* Bermudasegel; *3* Profilsegel mit Langlatten; *4* Profilmast mit Profilsegel und Langlatten; *5* Flügel mit Klappe; *6* Turbosegel; *7* Flügel mit Klappe und Schwenknase

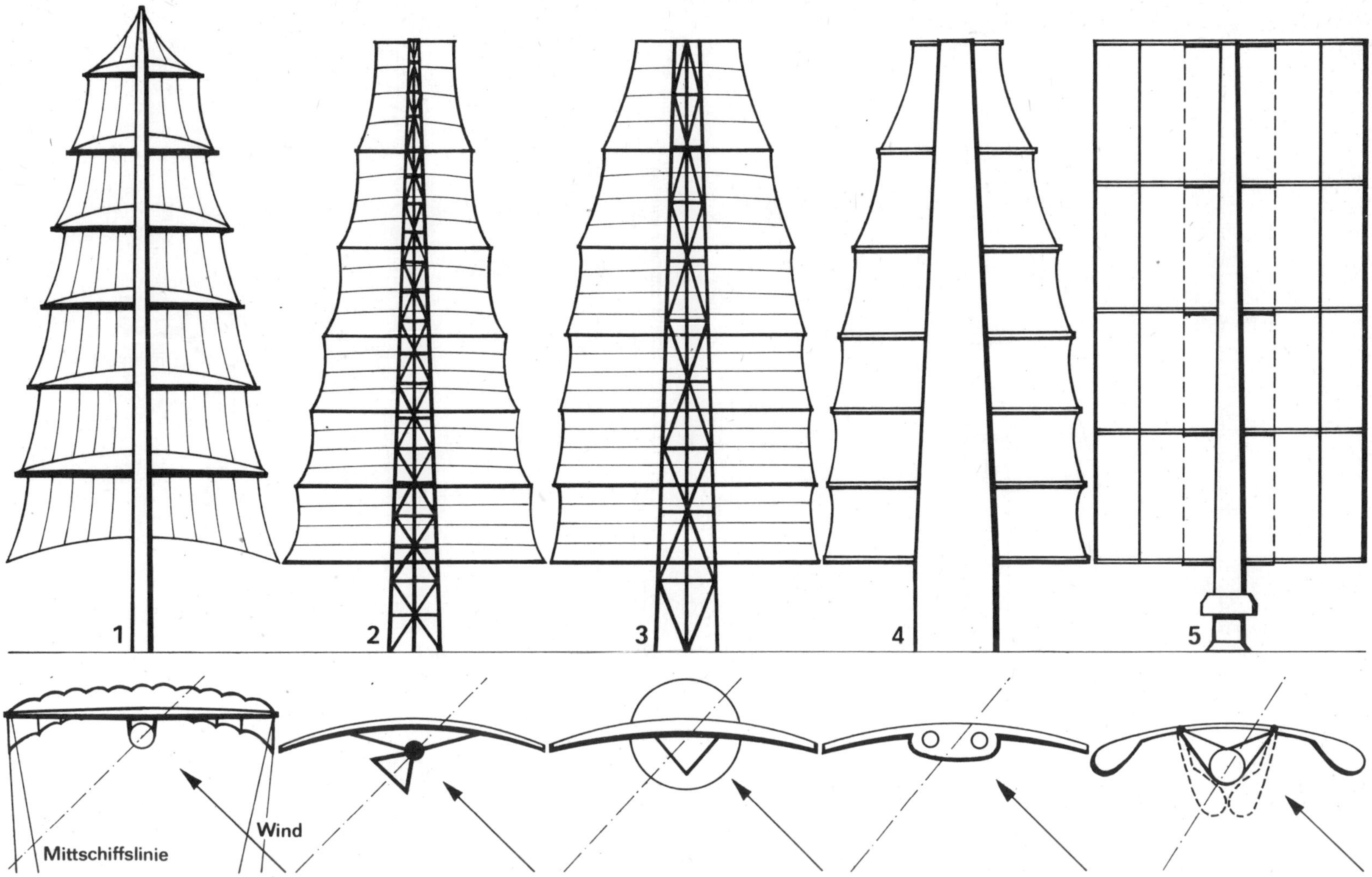

Bild 48. Rahsegelprinzip vom Rahsegel zum klappbaren Flügel als Übersicht
1 konventionelle Rahsegel; *2* starres Rahsegel am Gittermast; *3* starres Rahsegel mit drehbarem Gittermast; *4* einrollbares Rahsegel am Profilmast; *5* klappbarer, gewölbter Flügel

legen (s. auch Abschnitt „Windnutzung für Sport und Freizeit"). Sie beweist aber auf dem Amwindkurs eine erstaunliche Leistungsfähigkeit und erreicht mit einer Geschwindigkeit von über 9 kn bei $\lambda_w = 35°$ den großen Luvgewinn V_{LUV} von 7,5 kn. Berichte von den Regatten zum America's Cup 1987 besagen, daß die Pokalgewinnerin „Stars and Stripes" auf dem Amwindkurs bei $V_w = 15$ m/s eine Geschwindigkeit von über 10 kn gelaufen ist. Der nicht nutzbare Sektor der Kurse hat bei 70° gelegen.

Der *Rennkatamaran* verfügt auf fast allen Kursen zum Wind über ein kaum zu übertreffendes Geschwindigkeitspotential. Erst bei Winkeln über 130° ordnet er sich in die anderen Typen ein. Wegen seiner Gleitfahrt, im Gegensatz zur Verdrängungsfahrt aller anderen Typen, spielt die Größe des Bootes eine untergeordnete Rolle (s. Abschnitt „Windnutzung für Sport und Freizeit"). Obwohl er den größten Luvgewinn erst bei $\lambda_w = 50°$ besitzt, ist V_{LUV} mit 8,5 kn der größte Wert. Das Boot erreicht dabei immerhin schon 13 kn. Die maximale Geschwindigkeit des Katamarans von 27 kn ist schon fast der Wert der Windgeschwindigkeit V_w. Diese Eigenschaften machen den Katamaran zum großen Favoriten aller Hochgeschwindigkeitsrennen und Hochseeregatten. Leider ist er in dieser Konzeption als Nutzfahrzeug nicht zu gebrauchen.

Das *Rotorschiff* erreicht bis $\lambda_w = 120°$ akzeptable Werte. Bei größeren Winkeln verliert es stark an Leistungsfähigkeit. Das *moderne Windschiff* ist einem hochentwickelten *Fünfmast-Vollschiff,* wie der „Preußen", nur wenig überlegen. Größere Vorteile hat es nur auf den Kursen mit kleinerem Winkel λ_w. Aus der Sicht der Nutzbarkeit des gesamten Windspektrums muß es aber als sehr wirkungsvoll angesehen werden.

Das *Windflügelrad-Schiff* hat, wenn nicht eine Kombination mit Winddruckflächen vorgesehen wird, nur auf dem Gegenwindkurs mit 8 kn eine gute Leistungsfähigkeit. Auf allen anderen Kursen ist es deutlich unterlegen.

Da ein modernes Nutzfahrzeug in der Handelsschiffahrt oder in der Hochseefischerei kein Gleitfahrzeug sein wird, kommen in der Kombination mit einer Motorenanlage wohl vorwiegend das Flügel- und das Rotorprinzip in Betracht.

In Ergänzung zu den im Bild 39 für das nur durch den Wind getriebene Schiff dargestellten Zusammenhängen sind im Bild 46 die Kraft- und Geschwindigkeitsverhältnisse an einem motorgetriebenen Schiff mit Zusatzsegelantrieb gezeigt. Die gesamte Vortriebskraft F_V setzt sich aus der Komponente des Propellerschubes $F_{V,M}$ und der Komponente der Segelgesamtkraft $F_{V,S}$ zusammen. Diese Vortriebskraft in Kursrichtung schließt in ihrer Richtung mit der Mittschiffslinie den Driftwinkel β ein und verleiht dem Schiff die

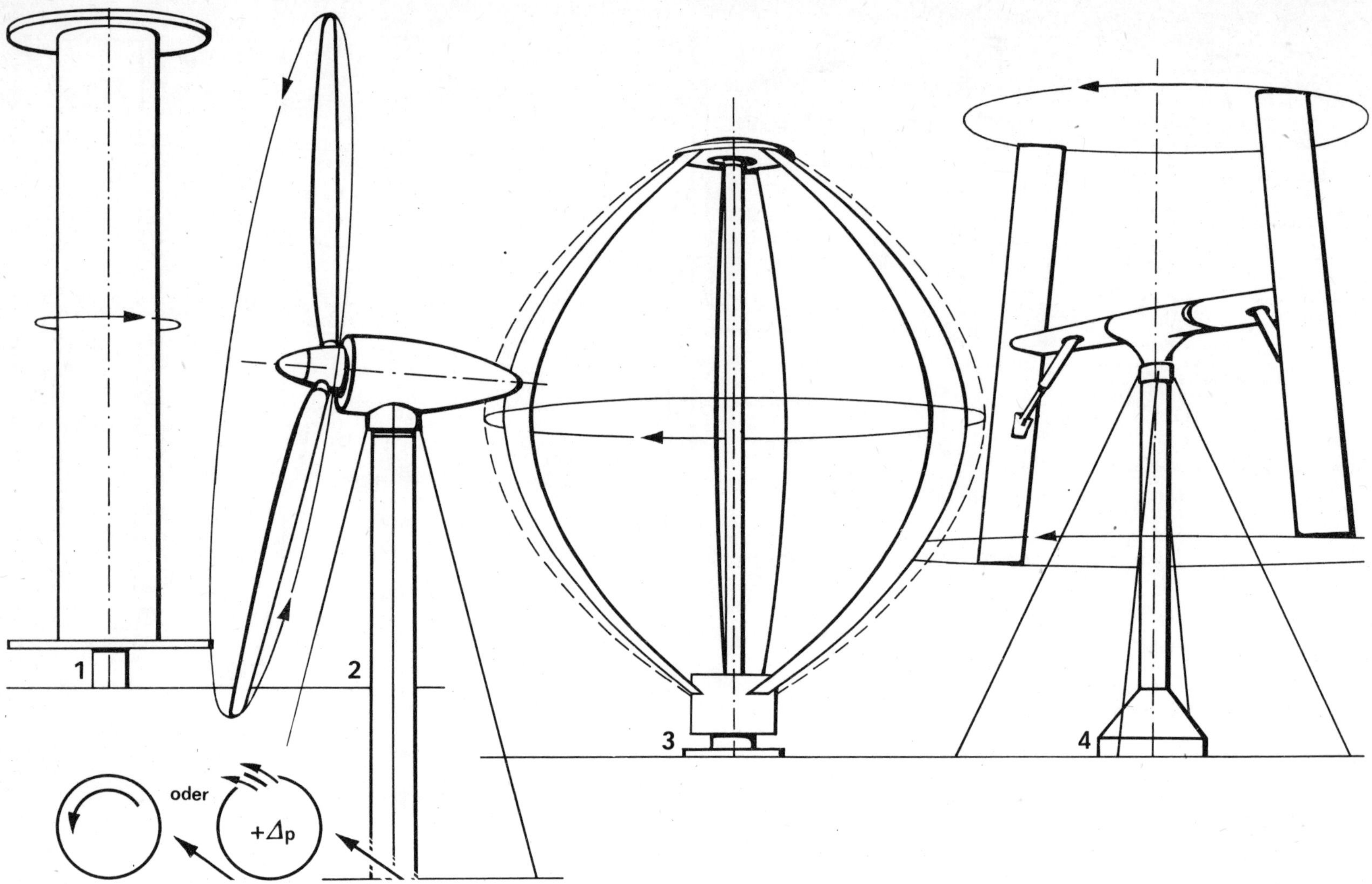

Bild 49. Rotierende Windantriebsanlagen als Übersicht

1 Flettner-Rotor; *2* Luftschraube; *3* Windturbine mit gekrümmten Flügeln; *4* Windturbine mit geraden Flügeln

Geschwindigkeit V. Dabei ist zu beachten, daß V im Vergleich zu V_w gegenüber einem rein windgetriebenen Schiff relativ groß und damit λ_a wesentlich kleiner als λ_w ist. Die Wahl des günstigsten Anstellwinkels α der Segelsehne zum scheinbaren Wind wurde bereits zum Bild 39 beschrieben und wird im Bild 46 noch einmal gezeigt. In diesem Fall ist der Optimalwert $\alpha = 23°$. Damit sind bereits die Grundlagen der Automatisierung einer Windantriebsanlage mit Segeln oder Flügeln gegeben. Zusätzlich zu den bereits bekannten Größen sind im Bild 46 noch der Ruderwinkel δ_R und der Winkel zwischen Segelsehne und Schiffslängsachse δ_S eingetragen.

Die Aspekte des Zusammenwirkens von Motoren- und Windantriebsanlage als Grundlage einer Komplexautomatisierung sind außerordentlich vielschichtig und noch nicht ausreichend erforscht. Das Optimierungskriterium muß ein minimaler Treibstoffverbrauch bei gegebener Schiffsgeschwindigkeit sein, wobei Fragen der Kursführung bei vorgegebener Reisedauer außer acht bleiben sollen.

In einer vereinfachten Betrachtungsweise kann davon ausgegangen werden, daß zum Erreichen einer bestimmten Schiffsgeschwindigkeit je nach Beladungszustand, Trimmlage, Seegangsverhältnissen, Ruder- und Driftwinkel eine bestimmte Vortriebskraft in Kursrichtung notwendig ist. Diese Vortriebskraft setzt sich aus den Komponenten des Propellerschubes und der Segelgesamtkraft in Kursrichtung zusammen. Der Anteil der Segelkraft soll möglichst groß sein. Um das zu erreichen, ist die Messung von V, β, $(\lambda_a - \beta)$ und V_a erforderlich, mit deren Hilfe dann der günstigste Anstellwinkel α ermittelt wird. Nach der richtigen Einstellung von α mittels δ_S an den Tragflügeln wird sich V erhöhen; eine Drosselung des Propellerschubes ist erforderlich. Die Maschine ist nun innerhalb einer Geschwindigkeitstoleranz so zu fahren, daß bei einer automatischen Einstellung von δ_S durch Verarbeitung der genannten Meßgrößen die vorgegebene Schiffsgeschwindigkeit und der vorgegebene Kurs unter Beachtung des Driftwinkels eingehalten werden. Es sei noch darauf verwiesen, daß für eine effektive Anpassung des Maschinenbetriebes an diese Bedingungen ein Verstellpropeller vielfach vorteilhaft ist. Das bezieht sich sowohl auf die Probleme beim Teillastverhalten des Motors als auch auf den Wirkungsgrad der Propulsion beim Fahren mit Motor und Segel. Eine bestimmte Motorenmindestleistung darf jedoch nicht unterschritten werden.

Um die automatische Steuerung der Windantriebsanlage technisch umsetzen zu können, sind die Tragflügel an frei drehbaren,

unverstagten Masten anzubringen. Die Wölbung der Tragflügel muß sich verändern lassen. Eine Reduzierung der Segelfläche muß möglich sein.
Die Automatisierung einer Rotorenanlage wird analog vorgenommen. Im Gegensatz zum Anstellwinkel der Segel ist hier jedoch die Drehzahl an die Geschwindigkeit des scheinbaren Windes anzupassen. In der Regel wird eine Umfangsgeschwindigkeit der Rotoren gewählt, die dem 4fachen Wert der Anströmgeschwindigkeit entspricht. Nur bei sehr kleinen Anströmwinkeln λ_a kann ein kleineres Verhältnis der Drehzahlen günstiger sein (s. auch Bild 85). Auch hier müssen also V, β, $(\lambda_a - \beta)$ und V_a als Meßwerte ständig zur Verfügung stehen. Fällt der Wind von der anderen Seite des Schiffes ein, ist eine umgekehrte Drehrichtung der Rotoren erforderlich. Die Antriebsmotoren der Rotoren müssen also in beiden Drehrichtungen von der Drehzahl Null bis zur Maximaldrehzahl regelbar sein. Die Maximaldrehzahl wird durch die höchste zu nutzende Geschwindigkeit des wahren Windes und die maximale Schiffsgeschwindigkeit festgelegt.
Übersichten über die denkbaren Typen von Windantriebsanlagen, geordnet nach Schrätsegelprinzip, Rahsegelprinzip und rotierende Anlagen, enthalten die Bilder 47 bis 49.

Windschiffe von heute

Es gibt immer noch eine stattliche Anzahl traditioneller oder traditionell gestalteter Großsegler. Ihre Anzahl nimmt derzeit sogar zu. Sie dienen in erster Linie als Schulschiffe, also zur Ausbildung von künftigen Matrosen und Schiffsoffizieren. Offensichtlich sind konventionell gestaltete Segelschiffe aber auch für die Luxus-Fahrgastschiffahrt, natürlich mit luxuriös gestalteten Kabinen und allem Komfort, ökonomisch attraktiv. Einige Beispiele für die beiden genannten Einsatzfälle:

Nachdem seit 1982 in Ablösung der legendären „Dar Pomorza" in der Volksrepublik Polen ein neues Segelschulschiff, die „Dar Młodziezy", betrieben wird, läßt nun auch die UdSSR zwei neue Segelschulschiffe dieses Typs bei polnischen Werften bauen. Eines davon ist als Ersatz für die bekannte „Towarischtsch" aus Odessa vorgesehen. Die wichtigsten Daten sind: Länge über alles $L_{ÜA}$ = 108,6 m, Länge der Wasserlinie L_{WL} = 79,4 m, Breite B = 14 m, Tiefgang T = 6,6m , Segelfläche A_S = 3000 m², Motoren 2 × 415 kW, 50 Mann + 145 Kadetten. Auch aus Portugal wird von der Inbetriebnahme eines neuen, traditionell gestalteten Segelschulschiffes berichtet. Nach Werften in der BRD befaßt sich zum ersten Mal auch wieder eine französische Werft mit dem Segelschiffneubau. Die Werft Ateliers et Chantiers du Havre (ACH) hat den Auftrag der US-amerikanischen Reederei Windstar Sail Cruises Ltd. für den Bau von zwei Luxus-Fahrgastschiffen für die Kreuzfahrt erhalten, von denen das erste mit dem Namen „Wind Star" im Dezember 1985 vom Stapel gelaufen und im Oktober 1986 in Dienst gestellt worden ist. Die Hauptdaten sind: $L_{ÜA}$ = 134 m, vier Masten mit dreieckigen Stagsegeln, 200 Fahrgäste.

Von diesen Schiffen soll aber im folgenden Abschnitt weniger die Rede sein. Es geht vielmehr um Projekte der Nutzung des Windantriebes und den Stand ihrer Verwirklichung in der heutigen Weltschiffahrt unter den gegenwärtigen Bedingungen. Dabei stehen zweifellos wirtschaftliche Aspekte im Vordergrund, wie

- Senkung der Betriebskosten des Schiffes,
- schnelle Amortisation der zusätzlichen Kosten für Windantriebsanlagen.

Aber auch solche Gesichtspunkte, wie geringe Umweltbelastung durch Schadstoffe, weitere Verringerung der Besatzungsstärke durch Mechanisierung und Automatisierung bei Verbesserung der Lebensbedingungen der Besatzung, sind zu beachten. Es wird auf den Abschnitt „Über die Nutzung der Windenergie" verwiesen, worin diese Zusammenhänge komplex dargestellt sind.

Als erste geschlossene Untersuchung für den Einsatz windgetriebener Schiffe gelten einige Forschungsvorhaben, die zwischen 1960 und 1967 im Institut für Schiffbau Hamburg (BRD) bearbeitet wurden. Neben grundlegenden wissenschaftlichen Erkenntnissen wurde das Projekt eines Massengutfrachters der Größenordnung 17 000 t Deplacement vorgestellt, der als *Dyna-Schiff* in die Literatur eingegangen ist. Der Bearbeiter *Prölss* [18] mußte dabei von dem in den sechziger Jahren extrem niedrigen Treibstoffpreis ausgehen. Es ist daher nicht verwunderlich, daß sein Vorschlag auf ein vorwiegend windgetriebenes Schiff hinauslief, das nur einen Hilfsmotor besaß. Nur so ließ sich ein wirtschaftlicher Betrieb nachweisen. Obwohl einige damals getroffene Voraussetzungen heute nicht mehr gelten, ist die Vorstellung des Dyna-Schiffes lohnenswert.

Der Generalplanentwurf sah sechs unverstagte, drehbare Pfahlmasten mit elliptischem Querschnitt vor. Die Segel wurden zwischen gekrümmten Rahen aufgespannt. Zwischen den einzelnen Segeln gab es keine Lücken; von unten bis oben entstand eine geschlossene Fläche. Durch die Art der Aufspannung war die Fläche als annähernd starr anzusehen. Die Segel erzeugten auch noch beim Anstellwinkel $\alpha = 0$ eine Auftriebskraft. Sie konnten in das Innere des elliptischen Mastes eingerollt werden (Bild 50). Bei vorlich einfallendem scheinbarem Wind mußte von einer gegenseitigen Beeinflussung der einzelnen Flügel ausgegangen werden. Daher wurde im Windkanal die für den besten Vortrieb optimale Staffelung der einzelnen Flächen herausgefunden. Mit Hilfe der drehbaren Masten sollte es möglich sein, das Schiff in wenigen Minuten auf den anderen Bug zu legen, den Anstellwinkel immer optimal einzustellen, sogar rückwärts wenden oder segeln zu können. Der gesamte Raum unter dem Hauptdeck sollte der Ladung vorbehalten sein. Der Mastabstand betrug 27 m. Da sich die drehbare Lagerung unter Deck befand, war reichlich freier Raum für Ladegeräte vorhanden. Außerdem konnten die untersten Rahen im Ladebetrieb hochgeklappt werden.

Die Hauptdaten des Schiffes waren: $L_{ÜA}$ = 160,5 m, L_{WL} = 150 m, B = 21 m, H = 13 m, T ohne Schwert = 9,125 m, T mit Schwert = 14,215 m, Deplacemant rd. 16 425 t, Motoren 3 × 330 kW, Segelfläche A_S = 9100 m², Durchschnittsgeschwindigkeit V = 12 kn.

Interessant ist das Vorhandensein eines Schwertes, das 5 m unter dem Kiel herausragen sollte. In heutigen Projekten wurde davon durchweg abgegangen.

Prölss wies nach, daß für das Schiff auch bei Sturm keine Gefahr bestünde, wenn die Segel vierkant gebraßt wären. Darunter ist zu verstehen, daß die Segelsehne quer zur Schiffsrichtung verläuft, δ_S also 90° ist (s. Bild 46). Normalerweise würden sie dann jedoch eingerollt werden, besonders dann, wenn nach Lee kein freier Raum ist. Es bleibt die Frage, wohin das Schiff dann fahren würde. Mit der vorgesehenen Motorenleistung würde es bei Sturm im engen Fahrwasser nicht mehr zu beherrschen sein.

Die Steuerung der richtigen Segelstellung sollte automatisch bzw. manuell von der Brücke aus erfolgen. Der dazu erforderliche Algorithmus war durch bekannte theoretische Zusammenhänge und durch umfangreiche Modellversuche mit der speziellen Takelage im Windkanal ermittelt worden. *Prölss* errechnete ein Geschwindigkeitsdiagramm in Form eines Polardiagramms (s. Abschnitt „Windantriebsanlagen auf Schiffen") für verschiedene Windgeschwindigkeiten. Die theoretischen Grundlagen dazu waren kurze Zeit zuvor im Institut für Schiffbau Hamburg von *Wagner* erarbeitet worden [19].

Für die Reiseplanung und Wetternavigation ist es günstiger, daraus ein Geschwindigkeitsdiagramm in kartesischen Koordinaten herzuleiten (Bild 51). Für Wirtschaftlichkeitsbetrachtungen orientierte sich *Prölss* auf die Route Hampton Roads (Nordamerika)–Hamburg über 3800 sm und legte typische jahreszeitliche Wettersituationen zugrunde. Es wurde davon ausgegangen, daß der Kapitän über diese Wettersituationen ausreichend informiert ist.

Prölss blieb den Beweis schuldig, ob das Schiff über ein Jahr die angesetzte Durchschnittsgeschwindigkeit von 12 kn theoretisch erreichen würde, die jährlich 10,15 Rundreisen bei zwei Reserve- und vier Hafentagen je Rundreise ergäbe. Die Wirtschaftlichkeitsbetrachtung selbst muß aus heutiger Sicht mit vielen Fragezeichen versehen werden und wird deswegen hier nicht wiedergegeben. Schon die Annahme, daß ein solches Schiff in der Herstellung billiger als ein vergleichbares Motorfrachtschiff ist, dürfte kaum mehr haltbar sein.

Eine interessante Nachbetrachtung über die Wetterroutung des Dyna-Schiffes wurde von *Rieder* [20] angestellt. Er verwendete meteorologische Informationen, die während einer Atlantiküberquerung mit dem Segelschulschiff „Carola" ermittelt wurden. *Rieder* benutzte Wetterkarten für den Atlantischen Ozean vom Seewetteramt Hamburg und legte danach die optimale Route der Galeasse „Carola" fest. Außerdem registrierte er ständig aus eigenen Beobachtungen und aus Meldungen von Schiffen im umgebenden Seeraum die tatsächliche Windsituation. Im Nachhinein wurde aus dem geschlossenen Bild des tatsächlichen Windregimes diejenige Route konstruiert, die das Schiff noch schneller zum Ziel gebracht hätte. Es ergab sich, daß im Fall einer optimalen Routung die „Carola" um 13 Stunden und 45 Minuten schneller am Ziel gewesen wäre, das sind 3,1 % der Reisedauer von 18 Tagen und 23 Stunden.

Für eine angenommene Reise des Dyna-Schiffes von Sydney auf der Insel Nova Scotia (Kanada) nach Liverpool (Großbritannien) wurde das Geschwindigkeitsdiagramm nach Bild 51 verwendet und der Ozeanwetterbericht von jeweils 15 Uhr zugrunde gelegt. Windrichtung und Windstärke wurden aus den Wetterkarten von 12 Uhr und 18 Uhr bestimmt. Aus der Windprognose für die nächsten 24 Stunden wurde dann der Kurs unter Beachtung der größten Geschwindigkeitskomponente zum Ziel gewählt. Daraus ergab sich die Position des folgenden Tages. Der Reiseplan ist im Bild 52 dargestellt. Das erstaunliche Ergebnis dieser Betrachtung war, daß bei den Wetterverhältnissen Mitte Juli 1984 im Nordatlantik das Dyna-Schiff die 2040 sm lange Distanz von Nova Scotia nach Nordirland mit einer Durchschnittsgeschwindigkeit von 13,3 kn in sechs Tagen und 9 Stunden zurücklegen würde. Dabei wäre die Distanz um 35 sm länger als der direkte Weg. Hilfsmotoren brauchten nicht eingesetzt zu werden. Selbst bei einer Ungenauigkeit von 25 % bei der Kurswahl ergäbe sich noch eine Durchschnittsgeschwindigkeit von 10,7 kn. Dieses Ergebnis bestätigt die Annahme von *Prölss.*

Trotz der überzeugenden Konzeption des Dyna-Schiffes und seiner weitgehend theoretischen und experimentellen Fundierung ist das Projekt bisher nicht in die Tat umgesetzt worden. Es gibt aus den achtziger Jahren, in denen sich bereits in vielen Schiffbauländern Ingenieure und Ökonomen ernsthaft mit der Zukunft des Windantriebes befassen, nur zwei Hinweise für eine mögliche Realisierung:

Die belgische Werft Cockerill Yards Hoboken informierte 1981 über den Entwurf eines 30 000-t-Massengutfrachters mit fünf frei stehenden, drehbaren, zylindrischen

Bild 50. Dyna-Schiff nach dem Entwurf von W. Prölss, nach [18]

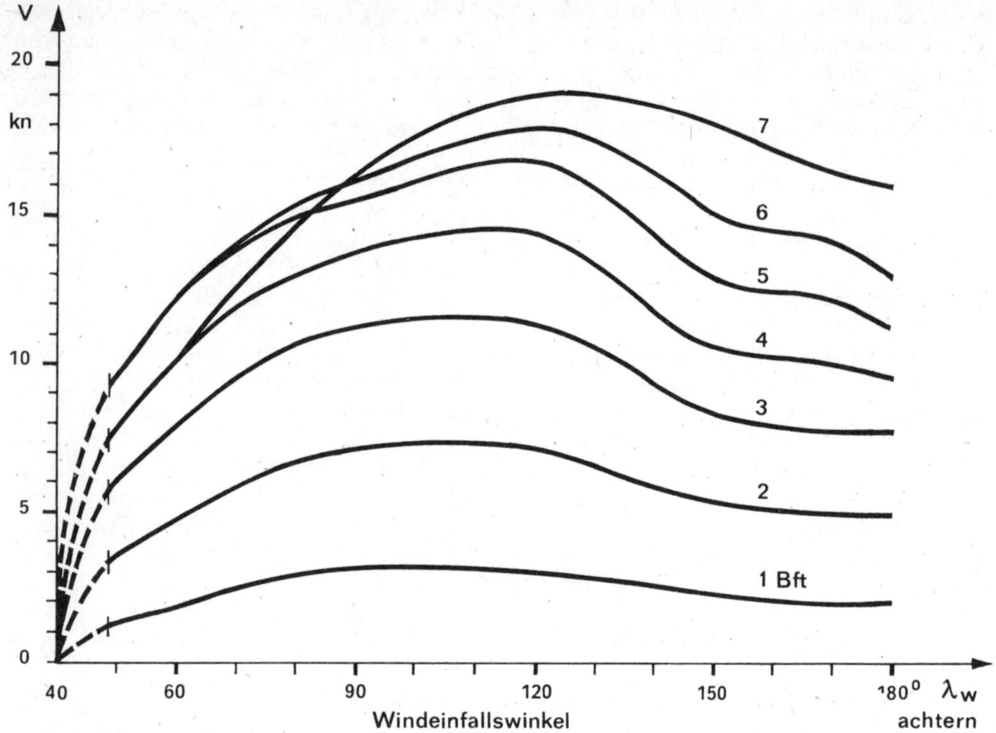

Bild 51. Geschwindigkeitsdiagramm des Dyna-Schiffes, nach [20]

Masten, an denen nach dem von *Prölss* entwickelten Prinzip insgesamt 12 160 m² Segelfläche installiert sind.

Die Hauptdaten des Schiffes sind: $L_{ÜA}$ = 168,2 m, L_{WL} = 162,0 m, *B = 27 m*, *H* = 16,4 m, *T* = 11,4 m, maximale Masthöhe über Deck 81,7 m, maximale Segelbreite 38,0 m, Hilfsantrieb 2 × 785 kW (dieselelektrischer Antrieb), Geschwindigkeit mit Hilfsantrieb 7,5 kn, Geschwindigkeit unter Segeln maximal 24 kn, jährliche Durchschnittsgeschwindigkeit 11 kn, 24 Mann Besatzung.

1984 wurde auf einer Ausstellung von der BRD-Werft Bremer Vulkan das Modell eines Sail Cruisers mit moderner Rahsegeltechnik gezeigt. Die Takelage enthält unverwechselbare Elemente des Dyna-Schiffes. Es handelt sich um ein Viermast-Kreuzfahrt-Segelschiff für die Luxus-Fahrgastschiffahrt. Das Schiff soll den Namen „Pinta" erhalten, 134 m lang, 17 m breit sein und 80 Fahrgäste in Doppelkabinen aufnehmen können.

Pionierleistungen auf dem Gebiet des Einsatzes moderner Windantriebsanlagen hat zweifellos Japan erbracht. Bereits seit 1976 schufen die Japan Marine Machinery Development Association (JAMDA) gemeinsam mit dem Konzern Nippon Kokan K. K. (NKK) die Voraussetzungen für die Nutzung des Windes. Grundkonzeption der damaligen Überlegungen sowie aller bis heute gebauten Schiffe war das Motorschiff mit Segelhilfsantrieb. Die Windantriebsanlage soll bei günstigen Windbedingungen Treibstoff einsparen. Es wurde zwar vorrangig auf Schiffsneubauten orientiert, doch sollte auch die Nachrüstung von vorhandenen Schiffen ohne zusätzliche Besatzung und bei nur unbedeutend größerem Umfang an Wartungs- und Reparaturarbeiten möglich sein. Projektvoraussetzungen waren:

- Massengut- oder Tankschiff mit 10 000 bis 35 000 t Deplacement und einer Durchschnittsgeschwindigkeit von maximal 15 kn,
- mechanischer Schiffsantrieb konventioneller Art mit Hilfssegeln,
- automatisch gesteuerte Segel, die den Schiffsbetrieb sowie die Lade- und Löschtechnologien nicht wesentlich beeinflussen und dem Schiff ausreichende Stabilität belassen,
- automatische Steuerung des Motors mit dem Ziel geringsten Treibstoffverbrauches bei vorgegebener Geschwindigkeit.

Die Forschungsarbeiten bis 1980 umfaßten Modellversuche im Windkanal und in der Originalströmung sowie See-Erprobungen auf einem Versuchsschiff, der „Daioh". Für vier unterschiedliche starre Profile, zwei Arten weicher Tuchsegel und ein kombiniertes dreieckiges Segel wurden die Auftriebs-Widerstands-Charakteristiken (s. Abschnitt „Windantriebsanlagen auf Schiffen") ermittelt. Auf der „Daioh", einem Modell eines Riesentankers im Maßstab 1:15 mit den Daten *L* = 25 m, *B* = 4,5 m *D* = 7,7 t, wurden an drei 7-m-Masten alle Segel im Modell untersucht. Dabei ging es besonders um das Zusammenwirken von Motoren- und Segelantrieb. Die Bilder 53 und 54 zeigen schematisch die untersuchten Windantriebsanlagen und ihre Größenordnung auf dem Versuchsschiff.

Die zum Abschluß der Forschungsarbeiten vorgelegte Studie enthielt als Empfehlung für den Einsatz von Hilfssegeln auf Massengut- und Tankschiffen folgende Richtwerte für Segelflächen bei *V* = 15 kn:

10 000-t-Frachter	1650 m²,
20 000-t-Frachter	2550 m²,
35 000-t-Frachter	3600 m².

Welche Einsparungen dadurch zu erreichen sind, soll am Beispiel eines Schiffes mit 20 000 t Deplacement dargelegt werden.

Bild 52. Reiseplanung des Dyna-Schiffes, nach [20]

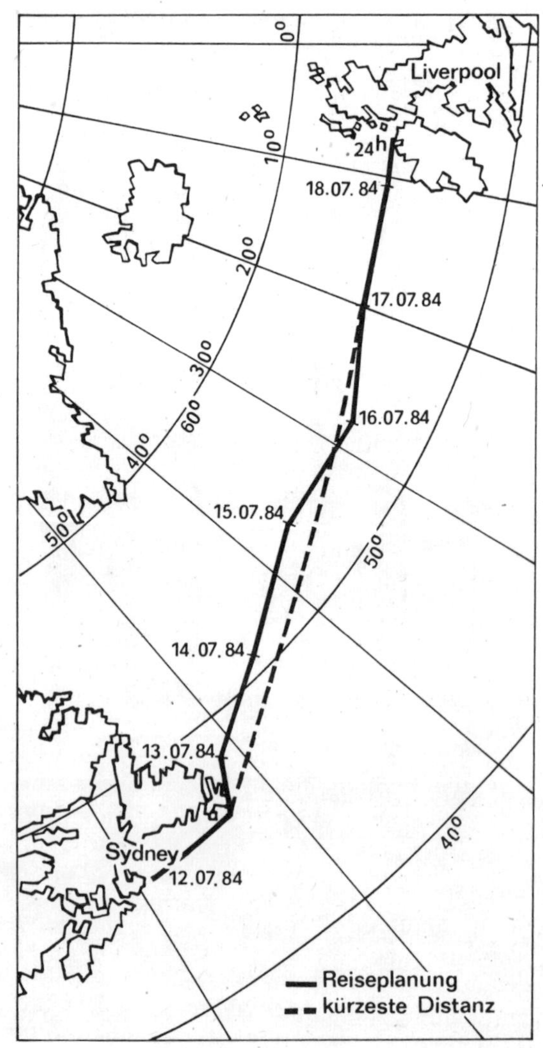

Das Schiff benötigt eine Motorenleistung von 5485 kW, um bei ruhiger See ohne Segel die Geschwindigkeit von 15 kn zu gewährleisten. Bei einer Windgeschwindigkeit von $V_W = 5$ m/s und einer Einfallsrichtung von $\lambda_w = 90°$ (s. Abschnitt „Windantriebsanlagen auf Schiffen") kann die Motorenleistung auf 5130 kW gedrosselt werden. Bei $V_w = 10$ m/s werden nur noch 3150 kW benötigt.
Die 2550 m² Segelfläche übernehmen also einen Leistungsanteil von 2335 kW. Das sind etwa 0,9 kW/m² Segelfläche. Das deckt sich mit Aussagen, die sich aus der Analyse der Fahrtleistung herkömmlicher Segelschiffe ergeben haben [21].
Dort war für 10 000-t-Schiffe bei $V_w = 10$ m/s etwa 1 PS (0,735 kW) je m² ermittelt worden. Bei $V_w = 12{,}5$ m/s werden nur noch 1610 kW Motorenleistung benötigt, während bei $V_w \geqq 15$ m/s der Einsatz des Motors überflüssig wird. Die mittlere jährliche Leistungseinsparung unter Beachtung des jährlichen Windregimes im betreffenden Seegebiet und der zu fahrenden Kurse bei den jeweiligen Windrichtungen ergab sich zu 0,22 kW/m² Segelfläche. Das entspricht einer jährlichen Treibstoffeinsparung von rd. 10 %.
Es zeigte sich, daß bei dem zum Zeitpunkt der japanischen Untersuchungen herrschenden Treibstoffpreis die zusätzlichen Aufwendungen aus den

- zusätzlichen Kosten für Investitionen und Versicherung,
- Unterhaltungskosten,
- Frachteinbußen aufgrund des geringeren Laderaumes

nach zwei bis drei Jahren durch die Treibstoffeinsparung kompensiert sind.
Um einen einheitlichen Gebrauch des Begriffes „Antriebsleistung" zu gewährleisten, soll an dieser Stelle dazu etwas ausgesagt werden.
Antriebsleistungen sind als vergleichbare Propellernutzleistungen aufzufassen. Dabei ist die Propellernutzleistung das Produkt aus Propellerschubkraft und Schiffsgeschwindigkeit. Bei Windantriebsanlagen, die direkt eine Kraftkomponente in Kursrichtung erzeugen, gilt als Antriebsleistung das Produkt aus Vortriebskomponente und Schiffsgeschwindigkeit. Die so errechnete Antriebsleistung ist mit der Leistung eines Antriebsmotors nicht identisch.
Ein Schiffspropeller hat einen Gesamtwirkungsgrad von

$$\eta_p = \frac{P_p}{P_p + P_p' + P_p''};$$

P_p Propellernutzleistung,
P_p' Verlustleistung durch die in Bewegung gesetzten Wassermassen,

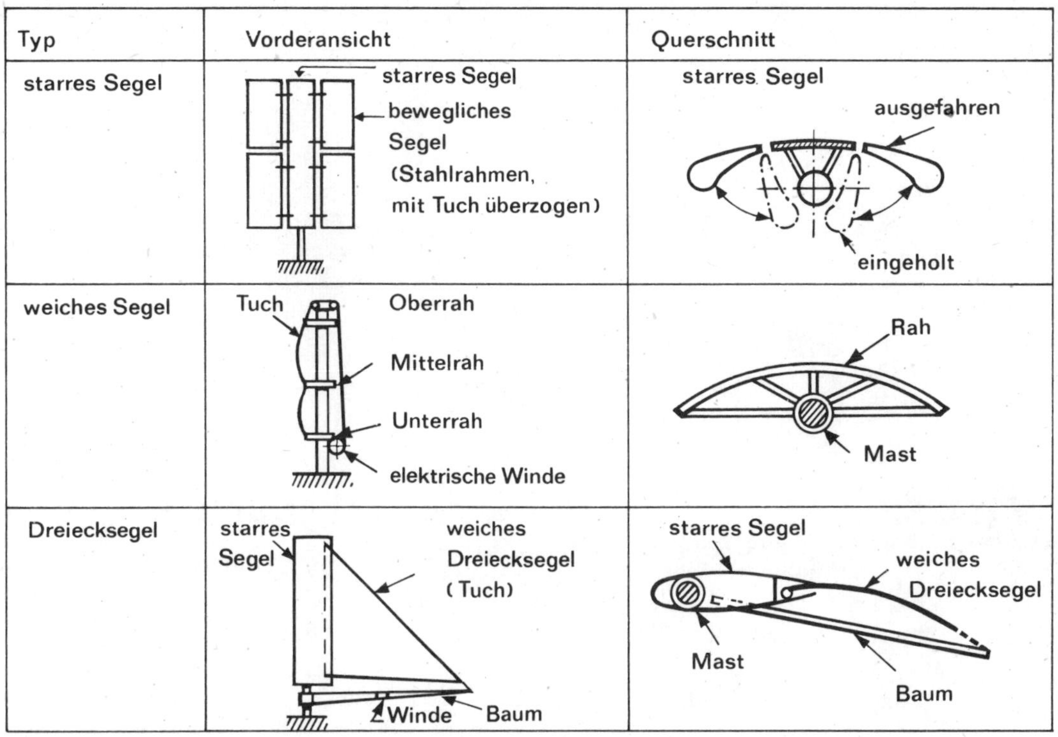

Bild 53. Auf der „Daioh" untersuchte Windantriebsanlagen

P_p'' Verlustleistung durch Reibung und Verwirbelung des Wassers.

Außerdem gibt es noch einen Wirkungsgrad $\eta_ü$ der Leistungsübertragung vom Motor zum Propeller. Damit wird

$$\eta_p \cdot \eta_ü \cdot P_{masch} = P_p.$$

Von der Motorenleistung können höchstens 50 % in Propellernutzleistung umgesetzt werden. Voraussetzung dafür sind große erfaßte Wassermassen und kleine Zusatzgeschwindigkeiten. Das erfordert große Propellerdurchmesser bei kleinen Drehzahlen.
Aufgrund der beschriebenen ermutigenden Voruntersuchungen baute NKK einen Küstentanker von 1600 t Deplacement, der im Juli 1980 bei der Imamura Shipbuilding Co. vom Stapel lief und im September 1980 übergeben wurde, die „Shin Aitoku Maru" (Bilder 55 und 56). Die wichtigsten Daten

Bild 54. Anbringung der Windantriebsanlagen auf der „Daioh"

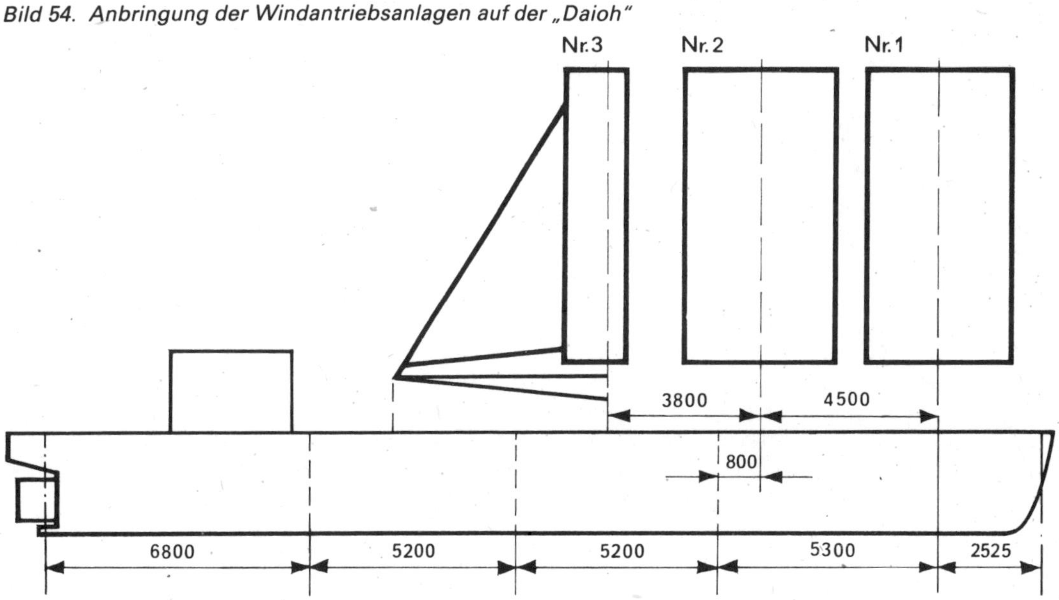

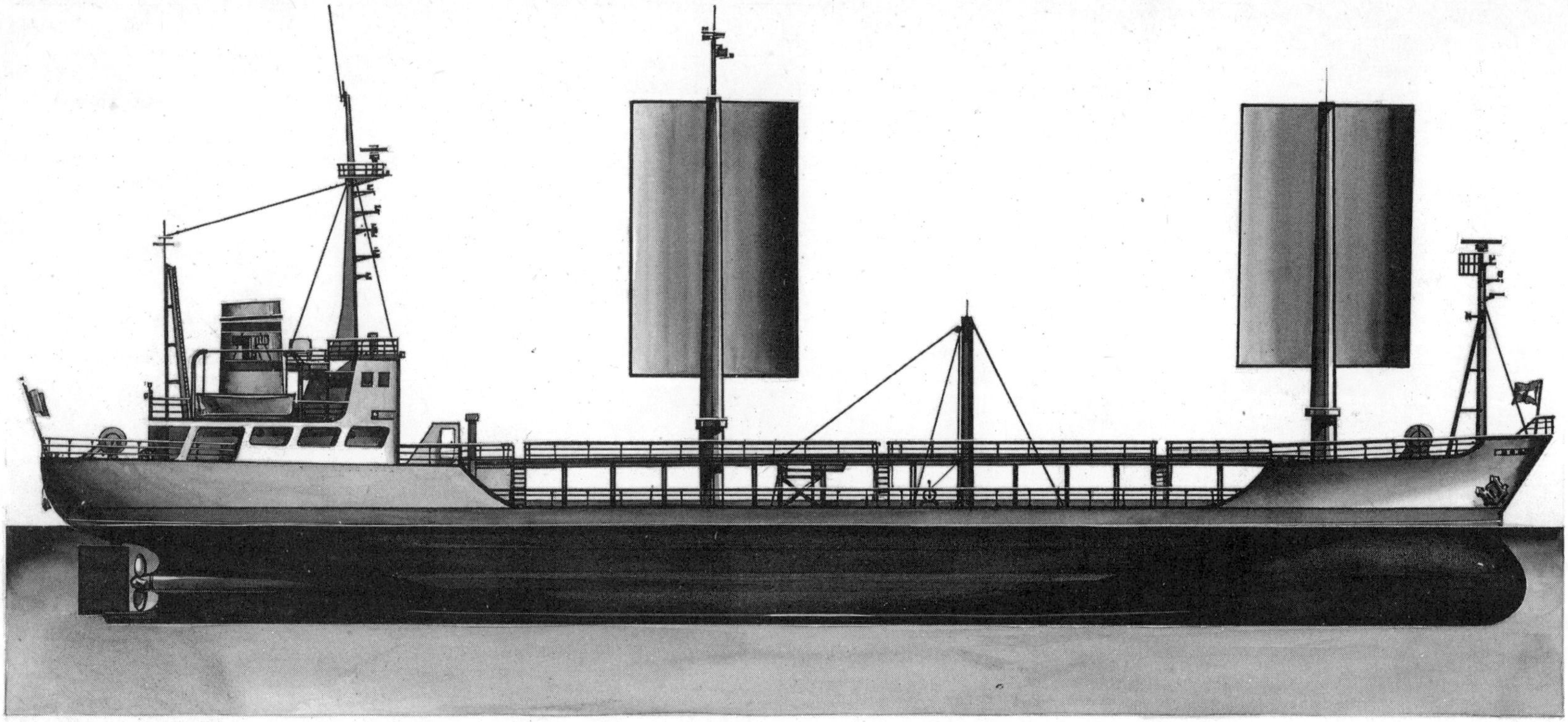

Bild 55. Seitenansicht der „Shin Aitoku Maru"

Bild 56. „Shin Aitoku Maru" in Fahrt

des Schiffes sind: $L_{ÜA} = 66$ m, $B = 10{,}6$ m, $T = 4{,}4$ m, $D = 1600$ t, zwei starre Segel von je 97 m², Hauptmotor mit 1177 kW, Durchschnittsgeschwindigkeit 12 kn, jährliche Leistungseinsparung durch Segel rd. 15 % [22]. Weitere Merkmale des Schiffes sind:

- computergesteuerte rechteckige starre Segel nach dem Rahsegelprinzip, die laminar umströmt werden,
- widerstandsgünstige Schiffsform nach neuesten Erkenntnissen,
- treibstoffgünstiges Motor-Propeller-System,
- intensive Nutzung der Abgaswärme,
- treibstoffsparende Elektroenergieerzeugung für den Bordbetrieb, unterschiedlich für See- und Hafenbetrieb,
- treibstoffsparender Kesselbetrieb,
- Nutzung von Treiböl-Wasser-Gemischen, Verwendung eines Emulgators und eines Homogenisators,
- Abfall- und Fäkalienverbrennungsanlage,
- hydraulisch betriebene Decksmaschinen, Antrieb der drehbaren Masten mit hydraulischen Servomotoren,
- Behandlung des Unterwasserschiffes mit einem selbstpolierenden Antifouling-Anstrichsystem, das vier Jahre lang eine weitgehend gleichbleibend glatte Außenhaut garantiert,
- Gesamtoptimierung des Schiffsbetriebes mittels eines Computer-Meß- und -Steuersystems mit insgesamt 936 simultanen Meßdaten.

Die Segelanlage (Bild 57) wurde von der Firma Useda Iron Works Co. konstruiert und gefertigt und besteht aus zwei Rechteckflächen von 8 m Breite und 12,15 m Höhe. Aus Sicherheitsgründen ist sie klappbar. Die Anlage wurde für einen Betrieb bis $V_w = 20$ m/s ausgelegt. Der Hauptmotor der Firma Hanshin Diesel wurde von der Grundversion 1471 kW bei 280 U/min auf 1177 kW bei 250 U/min modifiziert. Hauptmotor und Treibstoffsystem wurden für den Betrieb mit hochviskosen Schwerölen ausgelegt.
Ein spezieller vierflügeliger Propeller mit einem Durchmesser von 2650 mm und einer Masse von nur 265 kg sollte auch bei verringerter Propulsionsleistung effektiv arbeiten. Bild 58 zeigt schematisch den Zusammenhang zwischen Propulsionsleistung, Segelantriebsleistung und Gesamtleistung. Es ist zu sehen, daß bis zu einer Windgeschwindigkeit von $V_w = 15$ m/s bei steigender Segelantriebsleistung die Propulsionsleistung auf 50 % zurückgefahren wird. Eine geringere Propulsionsleistung ist technisch nicht sinnvoll, bringt sie doch erhebliche Probleme beim Maschinenbetrieb und bei der Bordenergieerzeugung mit sich. Daher ist von $V = 15$ bis 20 m/s ein Anstieg der Gesamtleistung zu sehen. Bei $V_w > 20$ m/s wird nach dem Zusammenklappen der Flügel wieder die gesamte Motorenleistung abgefordert. Das Automatiksystem wird im Überblick durch Bild 59 charakterisiert.
Nach einem ununterbrochenen Einsatz von drei Jahren wurde 1983 eine Zwischeneinschätzung vorgenommen [23]. Dem Schiff wurde ein ausgezeichnetes Verhalten bestätigt: hohe Stabilität bei geringen Roll- und Stampfbewegungen in grober See. Es zeigte sich, daß entgegen den Voraussagen die Segelanlage auch noch bei $V_w = 30$ m/s im Taifun funktionierte und das Schiff trotz 7 m hoher Wellen keinen Landschutz aufsuchen mußte. Die Segelanlage gab im Winkelbe-

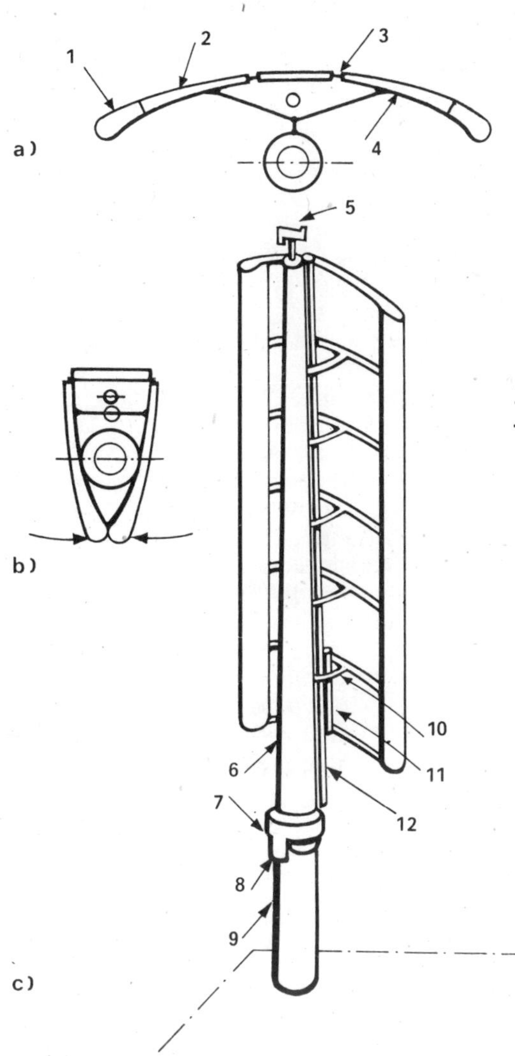

Bild 57. Segelanlage der „Shin Aitoku Maru", nach [22]
a) aufgeklapptes Segel; b) zusammengeklapptes Segel; c) Gesamtansicht des Segels
1 Stahlrahmen; *2* Segeltuch; *3* Gelenk; *4* Stahlverstärkung; *5* Meßgerät für Windrichtung und Windgeschwindigkeit; *6* drehbarer Mast; *7* Drucklager; *8* Hydraulikmotor; *9* fester Mast; *10* Gestänge; *11* Hydraulikzylinder; *12* Vertikalstange

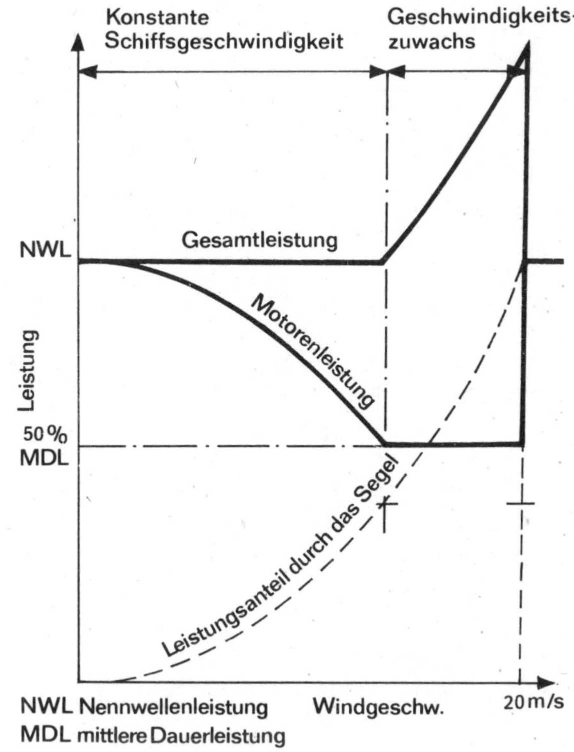

Bild 58. Zusammenhang zwischen Propulsionsleistung, Segelantriebsleistung und Gesamtleistung

Bild 59. Automatiksystem der „Shin Aitoku Maru"

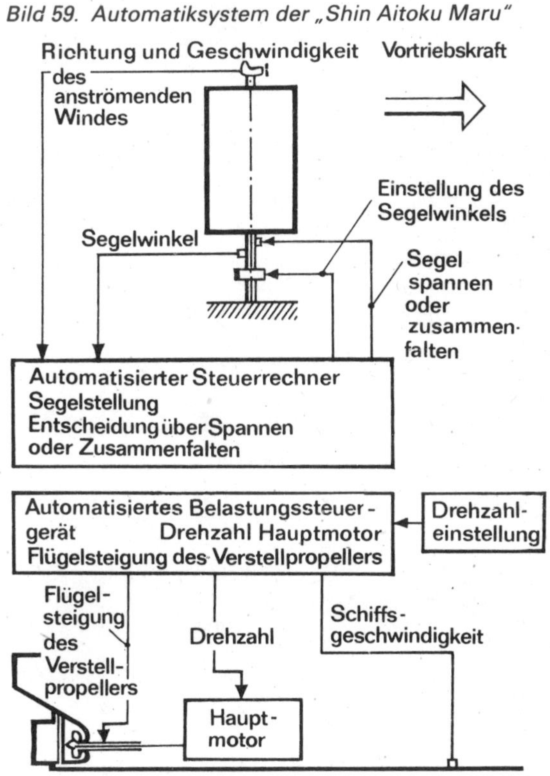

reich $\lambda_w = 40$ bis 180° nach beiden Seiten einen Beitrag zum Antrieb. Das bessere Seegangsverhalten gegenüber einem vergleichbaren Motorschiff wurde bereits ab $V_w = 15$ m/s deutlich. Dadurch konnte auch bei schlechtem Wetter der Fahrplan genau eingehalten werden.
Einige weitere Fakten sind von Interesse:

- Bei Windstärke 8 Bft. ($V_w = 20$ m/s) und einer Motorenleistung des Hauptmotors von 660 kW wurde eine Geschwindigkeit von 16,6 kn erreicht.
- Bei Windstärke 5 Bft. ($V_w = 10$ m/s) machte das Schiff sechs Stunden lang bei 3 m Wellenhöhe ohne Motorenleistung eine Fahrt von 9,1 kn.
- Das Einlaufen in einen Hafen bei Windstärke 4 Bft. ($V_w = 7$ m/s) bei abgestelltem Motor verlief problemlos.

Die durchschnittliche Motorenleistung bei der gewählten Geschwindigkeit von 12 kn betrug durch die Windantriebsanlage nur 615 kW. Daher wurde nach einem Jahr das Schiff mit einem neuen Propeller ausgerüstet, der dem kombinierten Betrieb besser angepaßt war ($d = 2700$ mm, $m = 217$ kg). Um bei einem hohen Anteil der Segelantriebsleistung den Widerstand des mitlaufenden Propellers gering zu halten, wurde dieser poliert, so daß eine Rauheit von 6 μm erreicht wurde. Normal sind 12 bis 15 μm. Alle diese Maßnahmen ergaben eine zusätzliche Treibstoffeinsparung von 5 bis 7 %.

Nachdem 1982 ein Schwesternschiff ohne Segel, aber sonst vergleichbaren Parametern eingesetzt worden war, ließ sich die Gesamteinsparung an Treibstoff besser kalkulieren. Sie ergab sich mit rd. 30 %. Davon dürften jedoch nur 10 bis 15 % der Segelanlage direkt zurechenbar sein. Die Gesamteinsparung an Treibstoffkosten wird durch die Verwendung des hochviskosen Schweröles bei der „Shin Aitoku Maru" gegenüber dem teureren geringerviskosen Schweröl bei dem Schwesterschiff sogar mit über 50 % angegeben.
Eine weitere Inspektion im Juli 1984 ergab, daß die gesamte Segelanlage einschließlich Meß- und Automatisierungstechnik in einwandfreiem Zustand war. Sie soll in dieser Form noch bis 1990 im Einsatz bleiben. Auch die Außenhaut des Schiffes, Motor, Propeller, Emulsionseinrichtung für Öl-Wasser-Gemisch und die gesamte Computertechnik waren in guter Verfassung.
Diese hervorragenden Ergebnisse ermutigten NKK zu weiteren Schiffsneubauten, wobei das bewährte Prinzip der beschriebenen Segelanlage in modifizierter Form angewendet wurde. Der genannte Herstellerbetrieb hatte sich mittlerweile auf die Konstruktion und Fertigung von Segelantriebsanlagen einschließlich der dazugehörigen Meß- und Computertechnik spezialisiert.
Die Tafel 1 gibt einen Überblick über die bis Ende 1986 in Japan gebauten Schiffe mit Windhilfsantrieb. Einen ungewöhnlichen Platz neben den Schiffen mit modernen Segeleinrichtungen in Japan nimmt das Universal-Massengutschiff „Tropical Marina" ein [24]. Es hat zwei T-Masten und einen Portalmast vor dem hinteren Deckshaus. An den Masten und Ladebäumen sind zwei dreieckige Hauptsegel und ein dreieckiges Vorsegel angebracht. Die Segel werden mit den Winden der Ladebäume bedient und werden bis $V_w = 20$ m/s genutzt.
Während bei den modernen und hochautomatisierten Segeleinrichtungen nach neueren Berechnungen erst nach fünf bis acht Jahren mit einem ökonomischen Nutzen zu rechnen ist, kann eine solche Anlage bereits nach ein bis zwei Jahren dem Reeder zusätzliche Gewinne bringen.
Bemerkenswert ist weiterhin, daß mit der „Aqua City" das erste Schiff für eine nichtjapanische Reederei geliefert wurde. Betreiber dieses Schiffes ist die liberianische Reederei Aqua City Maritime Inc. Es ist für die Japan-Amerika-Linie bestimmt.
Höhepunkt der bisherigen Entwicklung ist zweifellos die „Usuki Pioneer", die aufgrund ihrer Segelfläche von 640 m^2 als das erste vollentwickelte Massengutschiff der Welt mit Hilfsbesegelung gelten kann (Bild 60). Sie besitzt ein gegenüber der „Shin Aitoku Maru" weiterentwickeltes Mikrorechnersystem für die optimale Steuerung von Segel- und Motorenanlage zum Erreichen einer konstanten Dienstgeschwindigkeit bei minimalem Treibstoffverbrauch.
Die Hauptdaten des Schiffes sind: $L_{ÜA} = 162{,}4$ m, $B = 25{,}2$ m, $H = 14{,}8$ m, $T = 10{,}57$ m, D = 26 000 t, Durchschnittsgeschwindigkeit 13,5 kn, zwei Hauptmotoren mit je 2427 kW, zwei Segel 16 m × 20 m, $V_{w,max} = 25$ m/s.
Wie auch bei der „Shin Aitoku Maru" umfaßt die Konstruktion der „Usuki Pioneer" eine Reihe weiterer energiegünstiger Maßnahmen: Nutzung der Abgaswärme, Nutzung von hochviskosem Schweröl für den Hauptmotor, neue Rumpfform und speziell angepaßter Propeller. Diese Maßnahmen können mittlerweile jedoch als Stand der Technik gelten.
Die Konstrukteure erhoffen sich gegenüber einem vergleichbaren konventionellen Motorschiff (Stand 1980) Einsparungen an Treibstoffkosten in Höhe von 40 %.
Nach erfolgreichen Probefahrten wird der bemerkenswerte Neubau im Holz- und Getreidetransport zwischen Japan und Nordamerika eingesetzt. Von seinem erfolgreichen Langzeiteinsatz wird viel für den weiteren Vormarsch der Windnutzung für den Schiffsantrieb abhängen.
Daß die „Usuki Pioneer" kein vorläufiger Abschluß ist, zeigt das Interesse eines weiteren großen japanischen Schiffbauunterneh-

Tafel 1. Überblick über die bis Ende 1986 in Japan gebauten Schiffe mit Windhilfsantrieb

Name Baujahr	Typ	Länge m	Breite m	Tiefgang m	Deplacement t	Anzahl der Segel	Segelfläche m^2
Shin Aitoku Maru 1980	Tankschiff	66	10,6	4,4	1 600	2	97/97
Aitoku Maru 1982	Tankschiff	66	10,6	4,4	1 600	1	85
Senyo Maru 1983	Massengut-schiff	73	12,4	4,75	2 070	2	138/96
Nissan Maru 1983	Massengut-schiff	73	12,4	4,75	2 070	2	138/96
Nittoku Maru 1983	Gas-tankschiff	52	10	3,4	620	1[1)]	96
Tropical Marina 1984	Universal-Massengut-schiff	89,9	18,8	6,2	6 760	3[2)]	42,5/193/193
Kesi Maru 1984	Tankschiff	96,1	15	6,8	5 540	1	216
Aqua City 1984	Massengut-schiff	179	26	10,4	31 000	2	176/176
Usuki Pioneer 1984	Massengut-schiff	162	25,2	10,5	26 000	2	320/320
Ryoei Maru 1986	Ro-Ro-Schiff	83,3	17,5	6,0	5 200	1	168

1) abweichende Segelanlage mit zweiteiligem Segel und Mastgelenk
2) dreieckige Tuchsegel an gelenkigen, ladebaumähnlichen Masten

Bild 60. „Usuki Pioneer", der erste vollentwickelte Segelfrachter

Bild 61. Ansicht des britischen Tankers „Oilman"

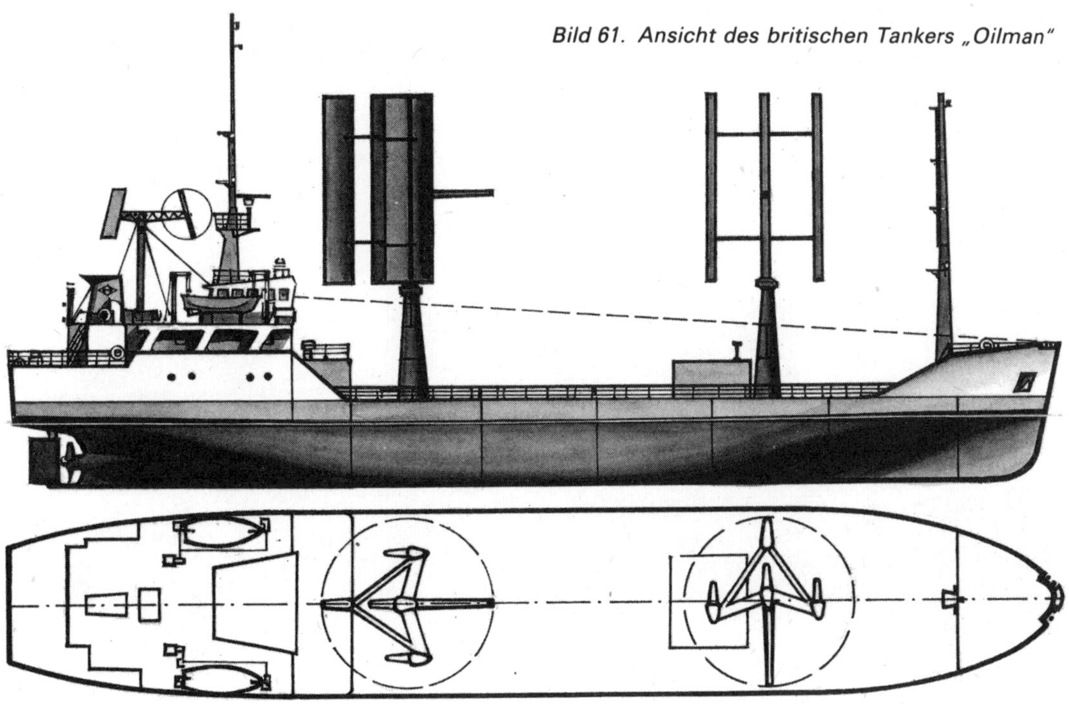

mens, des Konzerns Sumitomo Heavy Industries, für windgetriebene Schiffe. Nach Ablieferung eines konventionell getakelten Segelschulschiffes, der „Nippon Maru", im Jahr 1985 befaßt man sich mit dem Projekt eines Massengutschiffes mit Hilfssegeln in der Größenordnung von 30 000 t Deplacement. Vielleicht bringen die Konkurrenzsituation und der Patentschutz einen anderen Typ von Segelanlage hervor.

Eine andere Konzeption als die bisher beschriebene verfolgt die 1981 in Großbritannien entstandene Firma Walker Windsail Systems Ltd. An drehbaren Masten sind jeweils drei nebeneinander angeordnete symmetrische Tragflügel mit Schwenkklappen angebracht. Die Tragflügel bestehen aus einem extrem leichten Aluminiumgerüst und sind mit dem sehr steifen Polyesterfolie-Kevlarfaser-Laminat bespannt. Das Besondere an diesem Werkstoff ist die hohe Zugsteifigkeit, die hohe Festigkeit und die völlige Luftundurchlässigkeit bei geringer Rauheit. Das wird durch eine Flächenverklebung der glasklaren Polyesterfolie mit einem Gewebe aus Aramidfasern (Kevlar) erreicht (s. auch Abschnitt „Windnutzung für Sport und Freizeit").

Die Bilder 61 und 62 zeigen die Seitenansicht und Draufsicht sowie eine Gesamtansicht des britischen Tankers „Oilman", der mit einer derartigen Anlage ausgerüstet worden ist. Der Entwicklung des Flügelsystems waren jahrelange Untersuchungen vorangegangen. Grundlage der Entscheidung für eine derartige Anlage, die vom japanischen Konzept grundlegend abweicht, war neben der außerordentlichen aerodynamischen Wirksamkeit auch der Sicherheitsaspekt. Ein solches Flügelsystem braucht bei Sturm nicht zusammengeklappt oder eingerollt zu werden. Ein Ausklinken des Drehmechanismus für die Masten und des Schwenkmechanismus für die Flügelklappen bewirkt, daß das System sich frei drehbar so einstellt, daß es dem Wind den geringsten Widerstand bietet.

Beim Entwurf solcher Flächen können die Erkenntnisse aus dem Flugzeugbau verwendet werden. Es ist daher zu vermuten, daß die Windantriebskraft sehr effektiv erzeugt wird und daß im Sturm und bei Fahrt gegen den Wind die Flügel einen extrem niedrigen Widerstand bieten. Es scheint daher nicht übertrieben zu sein, wenn der Hersteller behauptet, daß die Anlage in einem Winkelbereich $\lambda_w = 25$ bis 180° nach beiden Seiten einen Anteil zum Schiffsantrieb bringt [25]. Alle anderen bisher eingesetzten Anlagen beginnen erst bei 40° mit einem wirksamen Anteil. Die Wahl des richtigen Flügelanstellwinkels und der optimalen Schwenkklappenstellung wird auch bei diesem Projekt anhand ge-

Bild 62. Gesamtansicht des Tankers „Oilman"

Bild 63. Katamaran „Moulin à Vent"

Bild 64. Einrumpfschiff „Alcione“

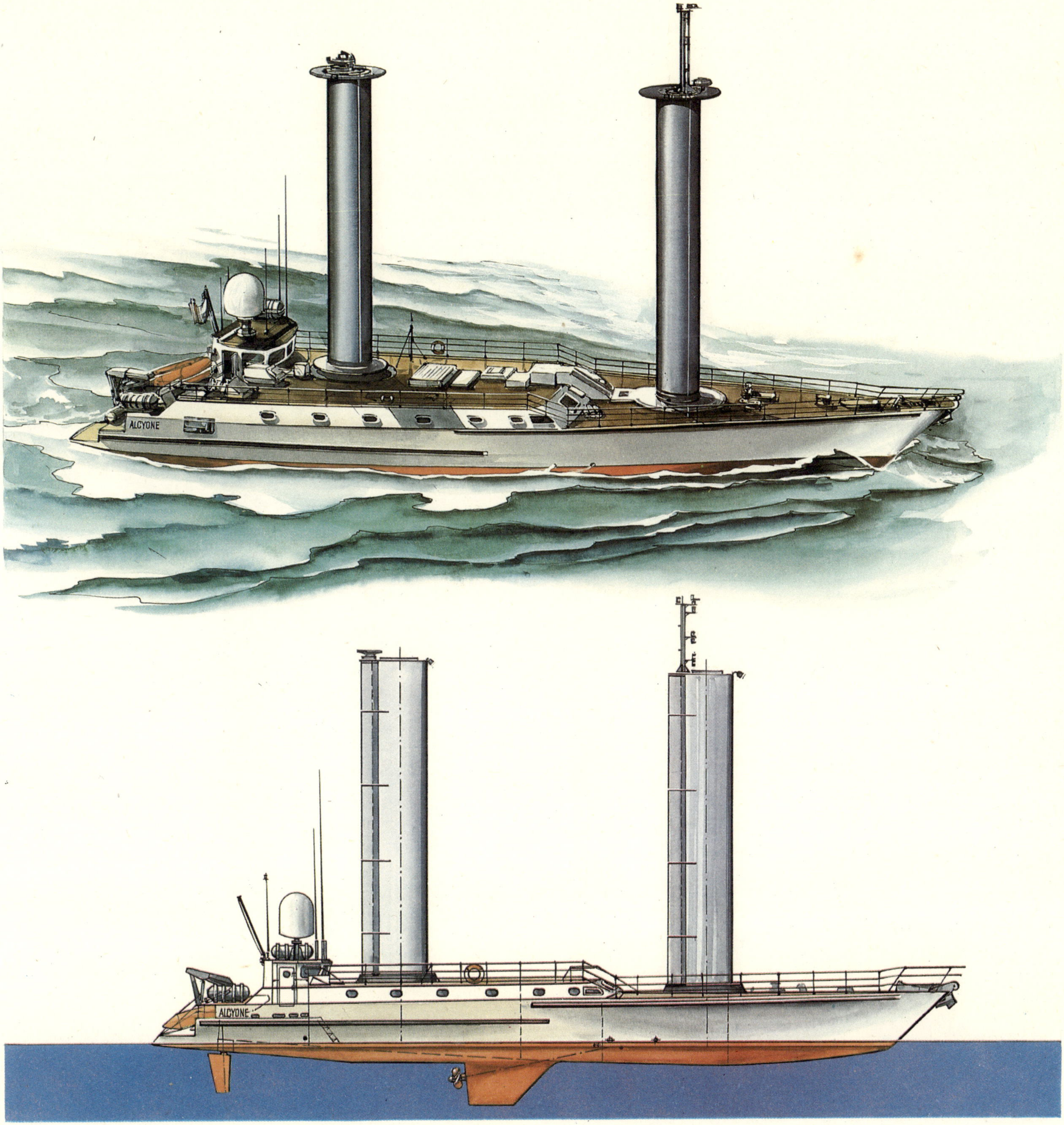

messener Daten des Windes und des Schiffes computergesteuert (s. auch Abschnitt „Windantriebsanlagen auf Schiffen"). Die beiden Flügelsysteme gestatten es darüber hinaus, das Schiff immer kursstabil zu trimmen und den Ruderausschlag klein zu halten. Es wird gesagt, daß ein geschickter Kapitän die Anlage auch zum Rückwärtsfahren nutzen und im Notfall das Schiff sogar ohne Ruder drehen kann. Das könnte zur Unterstützung von Bug- und Heckstrahlruder zum Manövrieren auf engstem Raum genutzt werden. Die Kosten für eine solche Segelausrüstung würden sich in ein bis zwei Jahren amortisieren, meinten die Konstrukteure im Jahr 1984.
Die Anlage für den 1560-t-Tanker „Oilman" ist knapp 12 m hoch. Jedes Flügelsystem wiegt etwa 3 t. Dadurch wird die Stabilität des Schiffes nicht wesentlich beeinflußt. Bei einem Wind von 25 m/s – bis zu solchen Stärken soll die Anlage eingesetzt werden – soll ein Krängungswinkel von 5° nicht überschritten werden. Bei einem Windeinfallswinkel von $\lambda_w = 90°$ entwickelt ein Flügelsystem dann eine Schubkraft von 80 kN. Bei einer Gesamtfläche von rd. 100 m² entspricht das einem Gesamtkraftbeiwert von $C_G = 2{,}0$. Damit hat diese Anlage eine doppelt so große Effektivität wie herkömmliche Segel. Der Drehkreis einer Flügeleinheit hat einen Durchmesser von 9,4 m. Die Anlage ist für Schiffe mit einer Maximalbreite von 11 m vorgesehen [26].
1983 wurde über Versuche berichtet, die der bekannte Meeresforscher *Jacques-Yves Cousteau* gemeinsam mit dem Strömungsspezialisten *Lucien Malavard* durchgeführt hat [27]. *Cousteau* hatte auf dem 22 m langen und 42 t schweren Katamaran „Moulin à Vent" (Bild 63) eine 13,5 m hohe ovale Röhre mit lenkbarer Schwanzflosse aufgebaut, bei der durch einen siebartigen Teil Luft nach oben abgesaugt werden konnte (s. Abschnitt „Windantriebsanlagen auf Schiffen"). Dazu war am oberen Ende der Röhre ein Ventilator angebracht, der von einem 8,8-kW-Motor angetrieben wird. Das Cousteau-Malavard-Turbosegel mit elliptischem Querschnitt, einer Masse von 2,2 t und einer effektiven Fläche von rd. 30 m² verlieh dem Fahrzeug bei starkem Wind eine Geschwindigkeit von 10 kn. Um die optimale Anpassung des Turbozylinders an den jeweiligen Kurs zum Wind bei der betreffenden Windstärke zu erreichen, mußte der Zylinder drehbar auf dem Deck befestigt sein. Der richtige Drehwinkel zum Schiff wurde mittels eines Bordcomputers ermittelt und manuell-mechanisch eingestellt. *Cousteau* gab an, bei $V_w = 10$ m/s mit dem Turbosegel eine Schubkraft von 10 kN zu erreichen. Das entspräche einem Gesamtkraftbeiwert von $C_G = 5{,}0$.
Damit wäre diese Segelanlage vier- bis fünfmal effektiver als herkömmliche Segel.
Cousteau hat nach Versuchsfahrten im Mittelmeer im Herbst 1983 mit der „Moulin à Vent" eine Atlantiküberquerung begonnen, die zunächst zufriedenstellend verlief. Nachdem im Sturm jedoch Schäden im Decksbereich des Katamarans auftraten, mußte die Fahrt abgebrochen werden.
Bereits im Frühjahr 1985 lief für *Cousteau* ein neues Schiff vom Stapel. Die französische Werft Société Nouvelle des Ateliers et Chantiers von La Rochelle-Pallice hatte die „Alcione" gebaut und mit zwei Cousteau-

Bild 65. „Calypso II" für Jacques-Yves Cousteau

Malavard-Turbosegeln bestückt (Bild 64) [28]. Das Einrumpfschiff, das als Nachfolgeschiff für die legendäre „Calypso" vorgesehen ist, hat folgende Hauptdaten: $L_{ÜA} = 31{,}0$ m, $L_{WL} = 27{,}4$ m, $B = 9{,}0$ m, $H = 2{,}65$ m, $T = 0{,}9$ m, Bleiballast 10 t, $D_{leer} = 62{,}7$ t, $D_{beladen} = 76$ t, Motorenleistung 2 × 115 kW auf Faltpropeller, Wellengenerator. Die beiden Turbosegel besitzen folgende Daten:
Höhe 10,2 m, Normaldurchmesser 1,35 m, maximale Profilbreite 2,05 m, elliptischer Querschnitt mit fester Flosse, projizierte Segelfläche rd. 42 m².
Die Antriebsmotoren sollen dem Schiff eine Geschwindigkeit von 10 kn verleihen. Die Turbosegel allein bringen das Schiff bei $V_w = 7{,}5$ m/s und $\lambda_w = 90°$ auf rd. 10 kn, bei $V_w = 15$ m/s und $\lambda_w = 90°$ auf mindestens 12 kn. Die „Alcione" ist mit einem Bordrechnersystem ausgestattet, das 35 Parameter erfaßt und danach automatisch Segeleinrichtung und Motoren steuert.
Im Laufe des Jahres 1985 hat *Cousteau* mit der „Alcione" den Atlantik ohne Zwischenfall überquert und seine Erprobungsfahrt in den Pazifik fortgesetzt.
Nachdem das Turbosystem durch die französische Firma Cegedur-Pechiney serienreif gemacht wurde, erhielt 1986/1987 ein 600-t-Chemietanker dieses System. 1985 war für *Cousteau* ein weiteres Schiff auf dem Reißbrett, die „Calypso II" [28]. Für das 800-t-Schiff mit einer Länge von 70 m sind zwei Turbosegel mit einer projizierten Segelfläche von 150 m² vorgesehen. Diese verleihen dem Schiff bei $V_w = 12$ m/s und $\lambda_w = 90°$ eine Geschwindigkeit von 15 kn (Bild 65).
Sollten die Turbosegel im praktischen Einsatz ihre Tauglichkeit und Langlebigkeit beweisen, sind sie als eine sehr wirksame Art des Windantriebs anzusehen. Sie haben gegenüber den noch effektiveren Flettner-Rotoren (s. Abschnitt „Windantriebsanlagen auf Schiffen") den großen Vorteil, daß sie nicht rotieren, damit besser in die Decksgestaltung der Schiffe einbezogen werden können und die Sicherheit an Deck nicht beeinträchtigen. Trotzdem sind auch Flettner-Rotoren weiterhin von großem Interesse.
Auf Initiative *Anton Flettners* war 1924 der ehemalige Gaffelschoner „Buckau" zum Rotorschiff umgebaut worden [29]. Die „Buckau" war in der Wasserlinie etwa 51 m lang und hatte als Segler 880 m² Segelfläche getragen. Das Schiff wurde mit zwei Rotoren mit jeweils 15,6 m Länge und 2,8 m Durchmesser ausgerüstet (Bild 66). Zum Antrieb der Rotoren dienten zwei 11-kW-Gleichstrommotoren. Die maximale Drehzahl war 125 U/min. Beide Rotoren zusammen besaßen eine projizierte Fläche von 88 m². *Flettner* ging also davon aus, daß der Kraftbeiwert der Rotoren zehnmal so groß wie der der Gaffelbesegelung war. Um einen solchen Wert zu erreichen, waren die Rotoren mit Endscheiben versehen worden, die den 1,5fachen Rotordurchmesser hatten. Trotz erheblicher technischer Schwierigkeiten beim Betrieb der Rotoren bewies das Schiff im Einsatz seine Fahrtüchtigkeit. Über die durch die Rotoren erzeugte Antriebsleistung gibt es widersprüchliche Aussagen. *Flettner* selbst behauptete, sie hätten dem Schiff die gleiche Fahrtleistung gegeben wie vorher die Segel. Es gibt aber auch Aussagen, daß die Geschwindigkeit von 12 kn, die die „Bukkau" als Gaffelschoner oft gelaufen war, mit den Rotoren nie erreicht worden sei.

Bild 66. Rotorschiff „Buckau"

Bild 67. Rotorschiff „Baden-Baden"

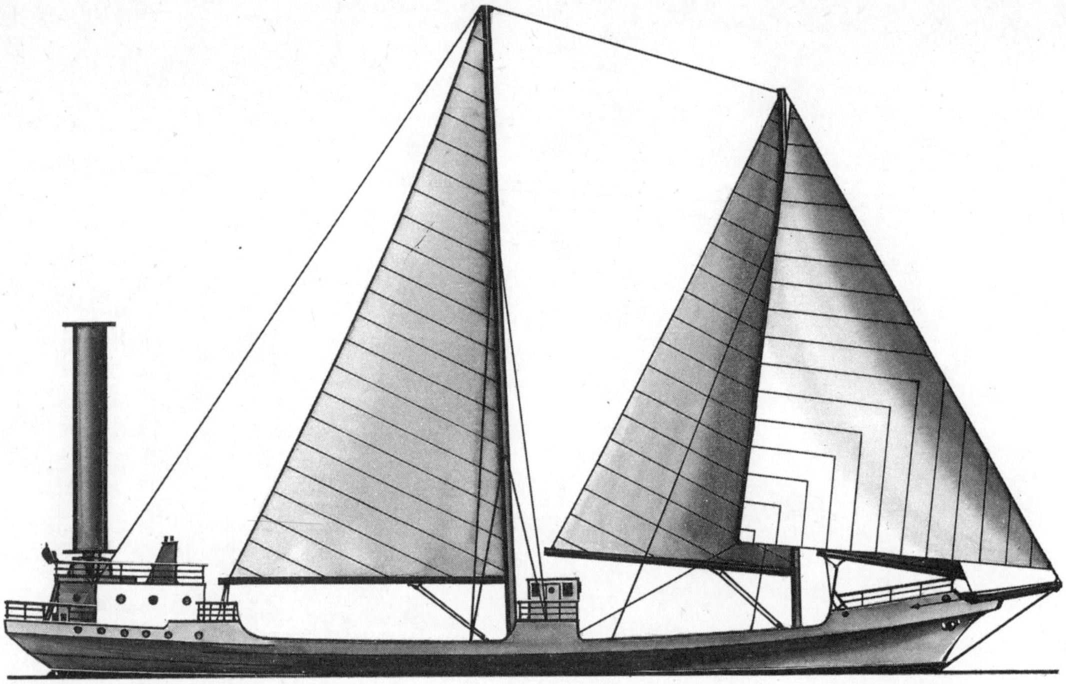

Bild 68. *„Clipper Patricia"*

Da die Annahme eines zehnfach größeren Kraftbeiwertes tatsächlich sehr optimistisch ist und nur bei einer bestimmten Drehzahl des Rotors zutrifft, die an die jeweilige Windstärke angepaßt sein muß, dürfte wohl die letztere Einschätzung zutreffen. Bei der Drehzahl von 125 U/min nimmt die Schubkraft bei Wind über 10 m/s nicht mehr wesentlich zu. Damit ist klar, daß bei starkem Wind die Gaffeltakelung überlegen gewesen sein mußte. Trotzdem haben die Rotoren über vier Jahre ihre Brauchbarkeit bei geringem Wartungsaufwand nachgewiesen.
1926 wurde ein zweites Rotorschiff, das RMS „Baden-Baden" (ex „Barbara") im Auftrag der Reichsmarine umgerüstet (Bild 67). Dieses Frachtschiff konnte mit seiner Motorenanlage mit 750 kW auf den Propeller die Dienstgeschwindigkeit von 9 kn erreichen. Die Rotoren lieferten immer dann einen Teil der Antriebsleistung, wenn der Wind günstig nach Stärke und Richtung zum Kurs war. Die „Baden-Baden" kann daher als erstes Motorschiff mit Windzusatzantrieb gelten. Um dem 2830-t-Schiff ($L = 90$ m, $B = 13{,}2$ m) einen wirksamen Windzusatzantrieb zu verleihen, wurden drei Rotoren von je 17 m Höhe, 4 m Durchmesser und mit Endscheiben installiert. Für jeden Rotor war ein 30-kW-Gleichstromantriebsmotor vorhanden, der ihm eine Drehzahl von 160 U/min verlieh. Auch die „Baden-Baden" bewies im sechsjährigen Einsatz die Funktionstüchtigkeit und Zuverlässigkeit des Rotorsystems.
Beide Rotorschiffe mußten im Zuge der aufkommenden Weltwirtschaftskrise aus ökonomischen Gründen ihren Betrieb einstellen und gerieten bald in Vergessenheit. Durch die extrem niedrigen Treibstoffpreise gab es jahrzehntelang keine Veranlassung, das Prinzip wieder aufzugreifen.
Es ist naheliegend, daß unter den heutigen Bedingungen der Rotor wieder interessant wird. Beim heutigen Stand der Technik muß es möglich sein, wartungsfreie und langlebige Rotorsysteme zu entwickeln und herzustellen, deren Drehzahlsteuerung und Umsteuerung computergestützt automatisch vorgenommen wird. Durch die außerordentlich gute Flächenausnutzung und den relativ niedrigen Angriffspunkt der Windantriebskraft müßten sich leistungsfähige Antriebssysteme konzipieren lassen, die die Schiffssicherheit nicht beeinträchtigen.
Bereits 1983 hat die US-amerikanische Firma Windship Development Corporation, die sich ausschließlich mit der Entwicklung von Windantriebssystemen für Schiffe befaßt, auf einer kleinen Motoryacht zu Versuchszwecken einen Flettner-Rotor installiert. Ebenfalls 1983 wurde im Swedish Maritime Research Centre in Göteborg (Schweden) eine Studie zur Nutzung des Windes für den

Bild 69. *Produktentanker „Nura"*

Schiffsantrieb mittels Flettner-Rotoren abgeschlossen und durch eine Versuchsanlage auf einem 6-m-Testboot ergänzt. Aus der UdSSR wurde das Vorhaben bekannt, auf einem 5000-t-Tanker einen kombinierten Windzusatzantrieb, bestehend aus einem Segel zwischen zwei Rotoren, zu installieren. Im Auftrag einer kalifornischen Reederei entwickelte und baute die britische Firma Gifford Technology Southampton im Jahre 1984 einen 65-kW-Flettner-Rotor für das 445-t-Schiff „Clipper Patricia" (Bild 68) [30]. Die „Clipper Patricia" ist ein Segelschiff mit kombiniertem Segel- und Rotorantrieb sowie einem Hilfsmotor und für den allgemeinen Fracht- und Fahrgastverkehr zwischen Florida und den Bahamas vorgesehen. Der Rotor mit einer maximalen Antriebsleistung von 65 kW ist 11,0 m hoch, hat einen Durchmesser von 1,56 m und ist für Windgeschwindigkeiten von 10 m/s optimal ausgelegt. Die maximale Schubkraft ist 14 kN bei $V_w \leqq 15$ m/s. Ein 7,5-kW-Drehstrommotor, von dem durchschnittlich 5 kW abgefordert werden, verleiht dem Rotor eine Drehzahl von 450 U/min. Interessant ist, daß der Konstruktion ein Kraftbeiwert von $C_G = 6$ zugeordnet wurde. Damit entspricht die projizierte Fläche von 17 m² in ihrer Wirksamkeit etwa 100 m² Segelfläche. Das ist ein weiterer Hinweis darauf, daß alle Berichte über die außerordentliche Leistungsfähigkeit der „Buckau" und der „Baden-Baden" (ex „Barbara") mit Vorsicht zu interpretieren sind.
1984 wurde von der Werft Blohm + Voss AG, Hamburg, der Vorschlag unterbreitet, den 1982 in Südkorea gebauten 6700-t-Produktentanker „Nura" aus Liberia mit zwei Flettner-Rotoren nachzurüsten (Bild 69) [31]. Konstruktionsgrundlage für das Rotorsystem war die Forderung, daß bei $V_w = 10$ m/s, $\lambda_w = 100°$ und $V = 12$ kn der Leistungsbedarf am Propeller um rd. 35 % verringert werden soll. Außerdem sollte gewährleistet werden, daß

- kein Teil der Rotorenanlage seitlich über die Schiffsbegrenzungslinien und über den bisher höchsten Punkt des Schiffes hinausragt,
- die zu erwartende Sichtbehinderung von der Brücke gering ist,
- die Nachrüstung möglichst geringe Änderungen an den bestehenden Anlagen verursacht.

Daraus ergaben sich folgende Daten für die Rotoren:

- Höhe 20,00 m,
- Durchmesser 4,20 m,
- Endscheibendurchmesser 5,80 m,
- projizierte Fläche 84,00 m²,
- Drehzahl stufenlos regelbar und umsteuerbar von 0 bis 200 U/min,
- Abstand zwischen den Rotoren rd. 40,00 m.

Die Rotoren sollten außermittig aufgestellt werden, weil mittschiffs eine Rohrbrücke verläuft. Je Rotor war eine eigene Antriebsleistung von 23 kW konzipiert. Die rechnerische Ermittlung der Leistungseinsparung ergab z. B. bei $V = 12$ kn, bei Windstärke 7 Bft. ($V_w = 15$ m/s) und $\lambda_w = 100°$, daß von der erforderlichen Schubleistung von 2060 kW von den Rotoren 1880 kW übernommen werden. Bei Windstärke 6 Bft. ($V_w = 12$ m/s) und $\lambda_w = 120°$ ergaben sich in Abhängigkeit von der Schiffsgeschwindigkeit folgende Leistungseinsparungen:

V in kn	15	14	13	12	11	10	9	8
Leistungseinsparung in %	36	46	57	68	77	88	100	100.

Um eine Aussage auch über die tatsächliche Gesamteinsparung auf einer bestimmten Route machen zu können, wurden zwei Routen ausgewählt: Hamburg–Nigeria (Lagos) und Hamburg–Panama. Unter Beachtung der Kursrichtungen bei den einzelnen Streckenabschnitten und der Windstatistiken für diese Seegebiete ergab sich, daß bei $V = 12$ kn mit großer Wahrscheinlichkeit eine jährliche Treibstoffeinsparung von 15 % möglich ist. Bei meteorologisch begründeter Routung könnten sogar 20 % erzielt werden. Die Wirtschaftlichkeitsbetrachtungen von 1984 ergaben, daß bei Einsparungen in dieser Größenordnung die Investitionskosten nach spätestens zwei Jahren amortisiert sind.
Neben den bisher genannten modernen Konzeptionen des Windzusatzantriebes unter den heutigen Bedingungen des Weltschiffsverkehrs gibt es eine Fülle von Hinweisen, über die Nachrüstung von Schiffen

Bild 71. Dreiecksegel an Ladebäumen

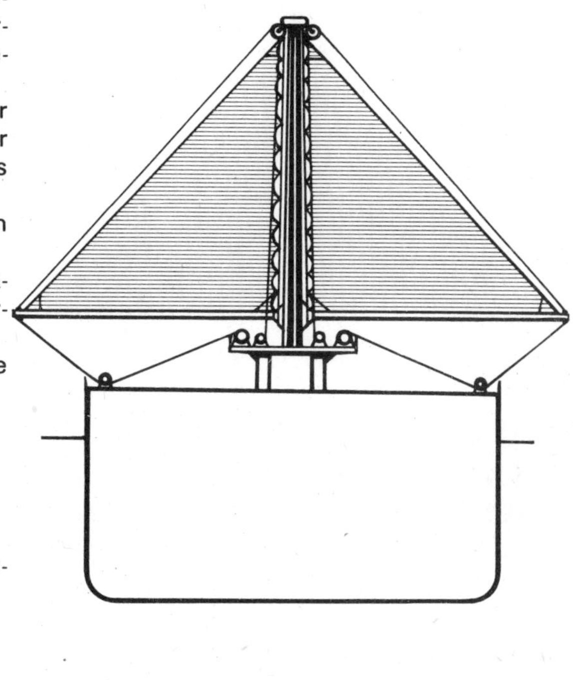

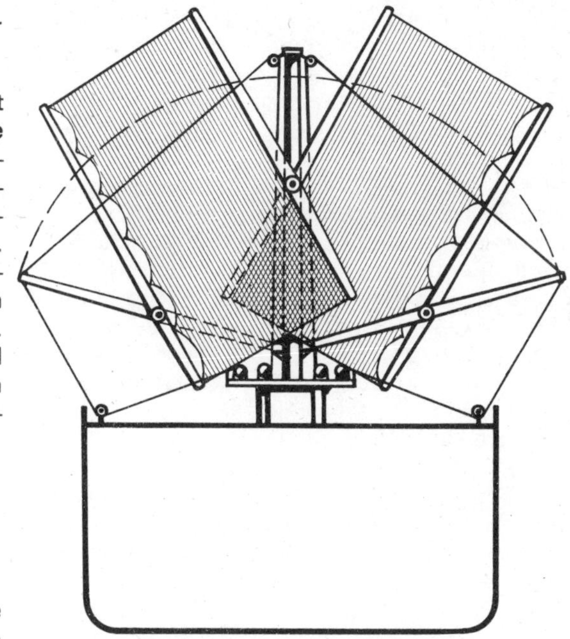

Bild 70. Rechtecksegel an Ladebäumen

Bild 72. Gaffelsegel an Ladebäumen

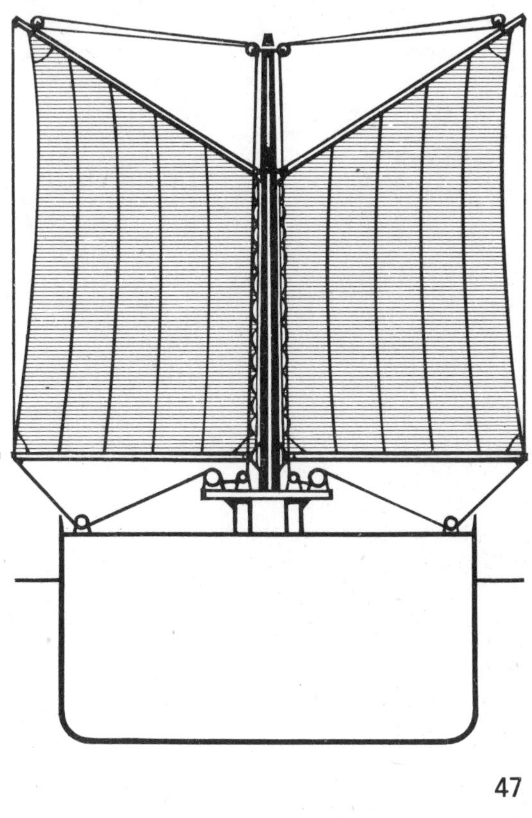

mit Hilfssegeln und segelähnlichen Gebilden zur Treibstoffeinsparung. Nur einige davon sollen hier wiedergegeben werden. Unter den Möglichkeiten, vorhandene Schiffe mit Segeln auszurüsten, sind einige Varianten interessant.

Die Bilder 70 bis 72 zeigen drei verschiedene Möglichkeiten, um Segel an vorhandene Ladebäume mehrmastiger Schiffe anzubringen. Die einfachste Möglichkeit ist die, beiderseitig dreieckige Segel anzubringen. Hierfür sind nur geringe zusätzliche Investitionen erforderlich. Mittels Hilfsspieren lassen sich aber auch größere Rechtecksegel oder Vierkant-Gaffelsegel setzen. Die vom einfallenden Wind abhängige Segelstellung wird mit den vorhandenen Bordwinden vorgenommen. Der Betrieb derartiger Segel an Ladebäumen mit oder ohne zusätzliche Hilfsspieren ist nicht ganz ungefährlich und erfordert Übung und Sachkenntnis. Es gibt jedoch zahlreiche Berichte von Seeleuten, die Schiffe mit derartigen Hilfssegeln im Einsatz beobachtet haben. Auch ballonartige Segel für raume und Vorwindkurse (Spinnaker) sind schon an Ladekranen gesetzt worden [32].

Eine besonders einfache Methode hat sich die Besatzung des DDR-Schwergutschiffes „Brocken" einfallen lassen. Innerhalb des Portals auf dem Achterschiff wurde ein 80-m^2-Rechtecksegel an Führungsdrähten gesetzt. Obwohl die Anlage nur bei nahezu achterlichem Wind einsatzfähig war, konnten die aufgewendeten Kosten schon im ersten Nutzungsjahr amortisiert werden.

Bereits 1981 wurde von *Fiedler* [33] über eine weitere Möglichkeit der nachträglichen Segelausrüstung berichtet. Es handelt sich um das Seriensegel (auch Reihensegel genannt), dessen schematischer Aufbau im Bild 73 dargestellt ist. Bild 74 zeigt die Gesamtanordnung auf einem Massengutschiff. Das Seriensegel besteht aus einer Reihe von Einzelsegeln gleicher Form und Größe, die an zwei in Längsschiffsrichtung übereinander gespannten Führungsdrähten aufgereiht werden. Das jeweilige Segelvorliek ist an einer festen Spiere befestigt. Bei einem konventionell gebauten Schiff mit Decksaufbauten im Achterschiffsbereich und sonst freiem Deck muß auf dem Vorschiff, falls nicht vorhanden, ein Mast vorgesehen werden. Zwischen diesem Mast und dem achteren Deckshaus werden in möglichst großem vertikalem Abstand die beiden Führungsdrähte gespannt. Natürlich müssen dabei die Sicht von der Brücke aus und der unbehinderte Decks-, Lade- und Löschbetrieb beachtet werden. Eingeholte Segel sind am Vormast als Paket gestaut. Im Betrieb sind sie über die gesamte Länge ausgefahren, wobei Distanzenden den vorgegebenen Abstand und Sammelschoten auf beiden Seiten die richtige Segeleinstellung sichern. Um ein zu starkes Durchhängen der Vorrichtung zu verhindern, sind Stützdrähte mit Auslegern vorgesehen. *Fiedler* gibt an, daß bei einem 33 000-t-Massengutschiff, das als Versuchsschiff verwendet werden sollte, eine Segelfläche von 1000 m^2 vorgesehen werden könnte. Diese Fläche könnte bei $V = 15$ kn, $V_w = 10$ m/s und $\lambda_w = 100°$ die Maschine um rd. 16 % entlasten. Das ergäbe nach Fiedlers Kalkulation eine Treibstoffersparnis von mindestens 20 %. Wenn es gelingt, den Betrieb des Seriensegels so zu gestalten, daß durch mechanisierte Bedienung keine Erhöhung der Besatzungsstärke erforderlich ist, wird diese Variante sehr praktikabel. Es gibt bis heute allerdings noch keine Hinweise über den praktischen Einsatz auf Schiffen.

Aufgrund von Voruntersuchungen des Autors entstand 1983 der Vorschlag, einen 17-m-Kutter der Fischwirtschaft der DDR mit einer Segelantriebsanlage nachzurüsten [34]. Die entwickelte und im praktischen Betrieb erprobte Anlage ist im Bild 75 zu sehen. Sie bestand aus einer Fock und einem Gaffelgroßsegel mit zusätzlichem Gabelbaum

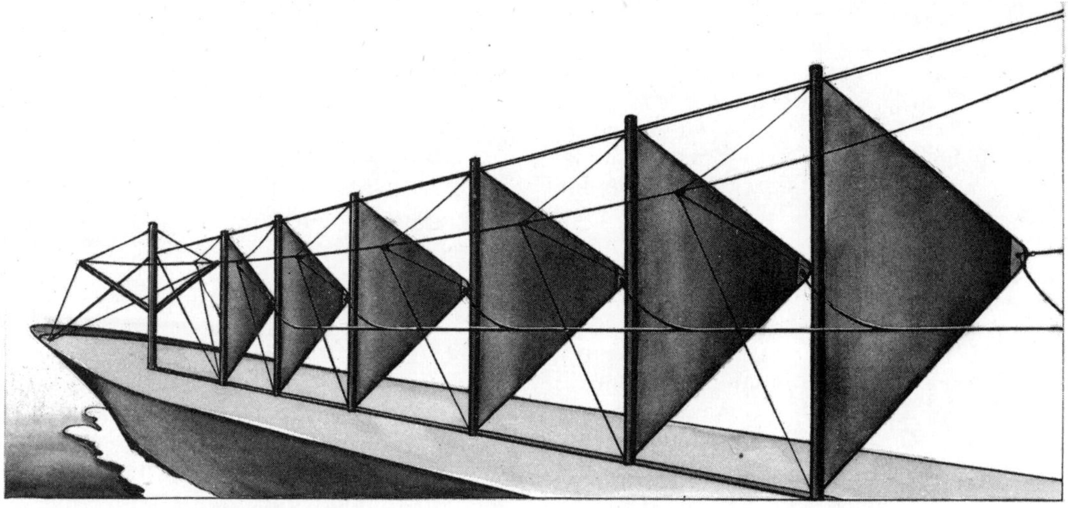

Bild 73. Schematische Darstellung der Reihensegel

Bild 74. Reihensegel auf einem Massengutschiff

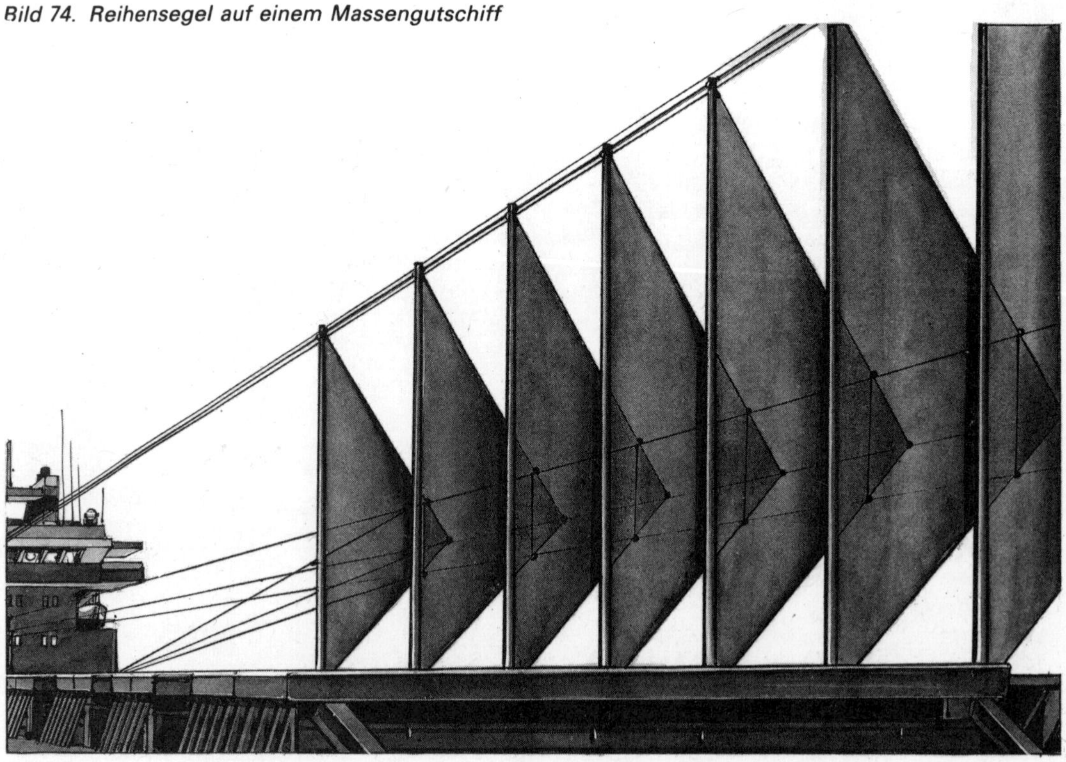

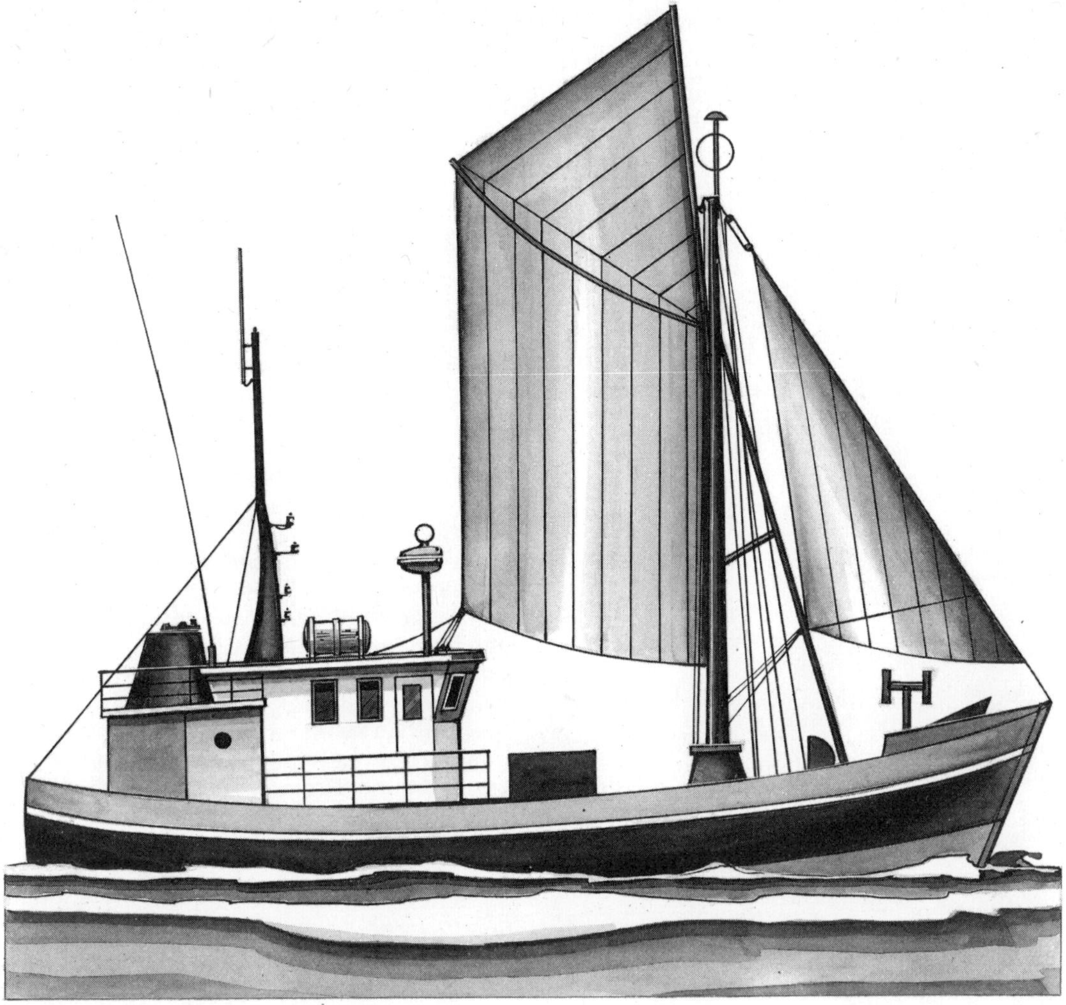

Bild 75. 17-m-Kutter mit Segelanlage

von insgesamt etwa 50 m^2. Da der existierende Mast mit Rohrverstagung nur 10 m hoch war, wurde zur Vergrößerung der Takelhöhe eine steilstehende Gaffel verwendet. Das Unterliek blieb frei, um die Sicherheit auf Deck nicht zu beeinträchtigen. Die Segel wurden durch Niederholen der Fock und Wegfieren des Gaffelfalls eingeholt. Das Großsegel hing dann vom fest angebrachten Mastgelenk am Mast herunter und störte den Decksbetrieb nicht. Das Aufholen der Gaffel und die Bedienung der Großschot geschahen mittels der Bordwinde. Die Segelanlage hat im praktischen Betrieb ihre Funktionsfähigkeit unter Beweis gestellt. Die jährliche kalkulierte Treibstoffeinsparung von maximal 5 % rechtfertigte jedoch den zusätzlichen Aufwand und den Eingriff in das Bordregime der dreiköpfigen Besatzung nicht, so daß vorläufig auf eine Einführung in die 17-m-Kutter-Flotte verzichtet wurde.
Weitere Beispiele sollen belegen, wie auch mit Tuchsegeln moderne Konzeptionen in die Tat umgesetzt werden können.

Eine sehr sinnvolle Anwendung des Hilfssegelantriebes wurde 1981 aus Griechenland bekannt. Das Schiff „Mini-Lace" einer griechischen Reederei mit einem Deplacement von 3000 t wurde auf dem Vorschiff mit einem einzelnen Mast ausgerüstet, an dem mit einem Baum ein dreieckiges Segel von 278 m^2 Fläche gesetzt werden konnte (Bild 76). Die komplette Segelausrüstung war von der amerikanischen Firma Windship Development Corporation entwickelt worden. Das Segel wurde aus dem Yachtsegeltuch Dacron (Polyester) hergestellt. Für das Steuern des Segels sowie das Setzen und Bergen wurde eine Automatik vorgesehen. Die Zeit für das vollständige Einrollen um den Mast ergab sich zu rd. 2,3 Minuten. Der Betrieb der Anlage wurde bis zu einer Windgeschwindigkeit von 20 m/s vorgesehen; es sollten aber auch noch bei 40 m/s (Orkan) keine Zerstörungen auftreten. Die „Mini-Lace" wurde mit einer 736-kW-Motorenanlage ausgerüstet, die bei 80 % Belastung dem Schiff eine Betriebsgeschwindigkeit von 7 kn verleiht. Bei dieser geringen Geschwindigkeit ist mit einem hohen Effekt der Windantriebsanlage zu rechnen. So ergab auch ein achtmonatiger Test der Anlage eine Einsparung an Treibstoff von 10 %. Bei

Bild 76. „Mini-Lace"

Bild 77. Segelfrachter für Indonesien

einzelnen Reisen wurden bis 30 % erreicht. Erwähnt werden soll, daß die Windship Development Corporation Segelantriebsanlagen für einige weitere Schiffe projektiert hat, die sich teilweise bereits bewährt haben.

„Indosail" heißt das Projekt der Hamburgischen Schiffbauversuchsanstalt (HSVA), das dort seit 1981 bearbeitet wird [35]. Auftraggeber ist das Forschungsministerium der BRD aufgrund eines Vertrages mit dem indonesischen Forschungsministerium. Die zwischen den indonesischen Inseln verkehrenden 800-t- bis 2000-t-Motorschiffe mit zum Teil beträchtlichem Alter sollen durch gleich große Frachtensegler mit Hilfsmotoren teilweise ersetzt werden. Zwei Projekte von 50 m und 80 m Länge waren 1985 fertiggestellt. Die Bedingungen für Segelschiffe sind in dem 13 000 Inseln umfassenden Staat Indonesien, in dem die Küstenfahrt eine wichtige ökonomische und politische Rolle spielt, nahezu ideal. Der meistens vorherrschende Monsun mit mittleren Windgeschwindigkeiten um $V_w = 10$ m/s läßt sich nach Stärke und Richtung gut kalkulieren. Wie aus Bild 77 zu ersehen ist, besteht die Besegelung aus einer Fock, zwei rechteckigen Gaffelsegeln und einem dreieckigen Besansegel. Das richtige Segelprofil und die Zuordnung der vier Segel wurden nach Versuchen im Windkanal festgelegt. Die Fock ist als Pendelfock an einem Baum konstruiert. Das ist eine spezielle Art der bekannten Baumfock. Der Drehpunkt befindet sich etwa unterhalb des Segeldruckpunktes. Dadurch kommt die Fock sehr leichtgängig über. Alle Segel befinden sich aufgrund ihrer Aufhängung in vorgespannten Rahmen und lassen sich somit optimal einstellen. Reffen und Bergen der Segel geschehen durch Einrollen, die Fock um das feste Vorstag, die beiden Großsegel und das Besansegel um ihre Bäume. Die Segeleinstellung und das Einrollen erfolgen aufgrund von Meßdaten über Windstärke und Windgeschwindigkeit mittels einer Computersteuerung vollkommen automatisch. 1985 war der Stand folgender:

In Indonesien ist ein 25 m langes Versuchsschiff fertiggestellt worden. In Hamburg wurden mit einem 5 m langen und 2,5 t schweren Modellschiff die Segeleigenschaften erprobt. Eine Hochrechnung auf das Originalschiff ergab, daß bei Windstärke 3 das Fahrzeug bereits 5,4 kn Geschwindigkeit erreicht. Bei Windstärke 5 sollen es über 10 kn sein. Nach dem erfolgreichen Einsatz der ersten Prototypen ist daran gedacht, nach diesem Prinzip fünfmastige Küstensegler zu bauen.

Eine sehr zweckmäßige und kostengünstige Variante einer Hilfssegelanlage wurde auf dem polnischen Forschungsschiff „Oceania" installiert (Bild 78). Das 50 m lange Schiff mit einem Deplacement von 550 t hat drei Masten, an denen Rahsegel mit einer Fläche von insgesamt 700 m² gesetzt werden können. Die Masten sind verstagt und dadurch relativ leicht. Im geborgenen Zustand liegen die Segel in korbartigen Behältern an den Masten. Sie können mittels Hydraulikwinden gesetzt und verstellt werden. Da die Segel an seitlichen Drähten geführt werden, ist das Setzen, Reffen und Bergen sehr sicher. Zudem gelingt eine hervorragende Anpassung an hohe Windgeschwindigkeiten. Die Bedienung erfolgt von der Brücke anhand von Computerdaten.

Nachdem sich die Segelanlage der „Oceania" während umfangreicher Erprobungen im Jahr 1986 hervorragend bewährt hat, wurde von der Gdansker Lenin-Werft das Projekt Urlauberschiff „Gwarek" mit einer Hilfssegelanlage vom gleichen Typ erarbeitet [36]. Bild 79 zeigt eine Ansicht dieses schönen Fahrzeuges. Das Schiff soll von Reisebüros, Gewerkschaften und Feriendiensten großer Betriebe finanziert und als schwimmendes Ferienheim genutzt werden. Die technischen Daten sind:

$L_{ÜA} = 98$ m,
$L_{WL} = 85$ m,
$B = 15$ m,
$H = 6{,}6$ m,
$A_S = 1500$ m², zwei Hilfsdieselmotoren mit je 550 kW, 200 Fahrgastplätze in 100 Kabinen, 60 Mann Besatzung in 31 Kabinen. Wie bei der „Oceania" wird die Segelbedienung mit Hilfe einer ferngesteuerten Hydraulikanlage vorgenommen.

Aus Finnland wurde 1981 das Projekt eines Fahrgastschiffes bekannt. Die renommierte finnische Werft Wärtsilä schlug den Bau eines Viermast-Fahrgastschiffes für die Kreuzfahrt vor, das bis zu 200 Fahrgäste aufnehmen kann (Bilder 80 und 81). Das Schiff soll an vier Masten dreieckige fockartige Stagsegel von insgesamt 1500 m² tragen. Es ist

bekannt, daß eine derartige Besegelung vortriebsgünstig und gut bedienbar ist. Die charakteristischen Daten des Schiffes sind: $L_{ÜA} = 115$ m, $L_{WL} = 100$ m, $B = 13{,}5$ m, $T = 3{,}6$ m, Durchschnittsgeschwindigkeit 10,5 kn, Höchstgeschwindigkeit unter Segeln 14 kn, dieselelektrische Propulsionsanlage.
Die Entlastung der Motorenanlage soll im Jahresdurchschnitt 20 bis 30 % betragen. Das 6,50 m lange Modell, das seit 1983 getestet wird, bewies die Richtigkeit der Annahmen.
Die Kreuzschiffahrt scheint in zunehmendem Maße ein geeignetes Feld für die Nutzung des Windantriebes zu sein. Zu Beginn dieses Abschnittes war bereits von zwei Segelkreuzlinern für die in Florida beheimatete Windstar Sail Cruises Ltd. die Rede. Bevor Erfahrungen mit diesen Schiffen vorlagen, wurden bereits zwei weitere Bestellungen angekündigt. Die Indienststellung ist für 1988/1989 vorgesehen. Die Grundkonzeption der Schiffe der französischen Werft ACH ist mit der der Wärtsilä-Werft offensichtlich identisch. An den vier je 58 m hohen Masten sollen insgesamt sechs dreieckige Stagsegel von zusammen 2020 m^2 getragen werden. Sie werden hydraulisch mit Computersteuerung bedient. Der maximale Krängungswinkel soll 6° nicht überschreiten. Die drei Dieselgeneratoraggregate von je 1050 kW sind als Hilfsantriebsanlage und zur Bordenergieerzeugung vorgesehen.
An Bord der 134 m langen und 15,5 m breiten Segelschiffe sind 75 Luxussuiten für 150 Fahrgäste (mit 52 Zusatzbetten) mit Bad, Toiletten, Bar, Kühlschrank, Farbfernsehgerät u. a. m. untergebracht. Außerdem stehen ein Salon mit 200 Plätzen, ein Casino, eine Diskothek mit Glasdach, ein Hospital, ein Swimmingpool, eine Taucherplattform u. ä. zur Verfügung. Um die durch die Segeleinrichtung bereits gedämpften Schiffsbewegungen weiter zu verringern, sind Flossenstabilisatoren eingebaut. Das erste Schiff dieser Serie hat im Oktober 1986 seinen Dienst aufgenommen.
Da es in der Kreuzschiffahrt auf eine große Durchschnittsgeschwindigkeit nicht ankommt und der Reiseverlauf zeitlich flexibel gehalten werden kann, der Segelantrieb sich aber auf den Erholungseffekt der Fahrgäste ansonsten nur positiv auswirkt, liegen ökonomische Effekte aus der Treibstoffeinsparung auf der Hand [37].
Wie die jährliche Treibstoffeinsparung für ein konkretes Schiff mit einer Windantriebsanlage kalkuliert werden kann, wird am Beispiel eines kleinen Fischereischiffes demonstriert [38].
Bild 82 zeigt einen 28 m langen modernen Fischkutter, der mit zwei Flettner-Rotoren von je 1,8 m Durchmesser und 9 m Höhe (rd. 16 m^2 projizierte Rotorfläche) ausgestattet ist. Die Rotorenanlage ist so ausgelegt, daß sie bis zu einem Wind von 15 m/s (7 Bft.) arbeitet und bei höheren Windgeschwindigkeiten außer Betrieb genommen wird. Die Stabilität des Schiffes ist auch bei Orkan von 35 m/s noch ausreichend. Bei einem Wind von 10 m/s (Windstärke 5 Bft.) erreicht das

Bild 78. „Oceania" in Fahrt

Bild 79. Polnisches Urlauberschiff „Gwarek", nach [36]

Fahrzeug ohne Nutzung seiner Motorenanlage bei einem Einfallswinkel des wahren Windes $\lambda_w = 100°$ eine Geschwindigkeit von 5 kn. Die Motorenanlage besteht aus einem Dieselmotor, der bei einer konstanten Drehzahl von 1000 U/min eine maximale Leistung von 560 kW erreichen kann. Ein Getriebe reduziert die Motordrehzahl auf die Propellerdrehzahl von 200 U/min. Der Schub wird über einen Verstellpropeller in fester Düse erzeugt. Die Elektroenergie wird mittels eines Wellengenerators erzeugt.
Bild 83 zeigt den Zusammenhang zwischen Schubkraft und Schiffsgeschwindigkeit bei freier Fahrt und beim Fischen mit einem Schleppnetz sowie die dazugehörigen Motorenleistungen unter Beachtung der konkreten Parameter der Propulsionsanlage. Es ist zu sehen, daß bei der freien Fahrt von 10,2 kn der Motor zu 60 % der Maximalleistung belastet ist. Die Höchstgeschwindigkeit ist 11,3 kn. Beim Fischen werden mit 60 % der Motorenleistung rd. 5 kn erreicht, die Höchstgeschwindigkeit mit Netz ist 5,8 kn. Der Zusammenhang zwischen Motorenleistung, Drehzahl und Treibstoffverbrauch kann aus einem Motorenkennfeld entnommen werden, das hier nicht wiedergegeben werden soll. Derartige Kennfelder werden von den Motorenherstellern aufgenommen.
Zur Ermittlung der Treibstoffeinsparung werden zwei Fahrtzustände ausgewählt:

- Suchfahrt, An- und Abreise zum bzw. vom Fangplatz ($V = 10$ kn),
- Schleppen mit einem Netz, das bei $V = 4{,}5$ kn eine Zugkraft von 45 kN erfordert.

Es wird davon ausgegangen, daß die Schleppfahrt 60 % der Gesamtfahrzeit ausmacht. Für diese beiden Fahrtzustände werden jeweils ermittelt:
- der von der Motorenanlage zu liefernde Schub für verschiedene Anteile der Windantriebskraft am Gesamtschub,
- die erforderliche Motorenleistung für diese Betriebszustände einschließlich 100 kW durchschnittliche Leistung des Wellengenerators,
- der jeweilige spezifische Treibstoffverbrauch,
- die je Betriebsstunde durchschnittlich zu erwartende Treibstoffeinsparung,
- die Flügelsteigung des Verstellpropellers aus einem Propellerdiagramm.

Als Ergebnis einer derartigen Untersuchung erhält man die Treibstoffeinsparung in Abhängigkeit von der Windantriebskraft (Bild 84). Um die Windantriebskraft für verschiedene wahre Windgeschwindigkeiten V_w und wahre Windeinfallswinkel λ_w (s. Bild 86) zu erhalten, müssen für die beiden Fahrtzustände die dazugehörigen scheinbaren Windgeschwindigkeiten V_a und die Anströmwinkel λ_a zum Kurs ermittelt werden. Der mathematische Zusammenhang ist gegeben durch

$$V_a = \sqrt{(V_s + V_w \cdot \cos\lambda_w)^2 - (V_w \cdot \sin\lambda_w)^2}$$

und

$$\cot\lambda_a = \left(\frac{V_s}{V_w} + \cos\lambda_w\right)\frac{1}{\sin\lambda_w}\,.$$

Mittels der Polare für den verwendeten Rotor mit dem Seitenverhältnis 5 und End-

Bild 80. Ansicht des Viermast-Fahrgastschiffes der Wärtsilä-Werft

Bild 81. Das Fahrgastschiff der Wärtsilä-Werft in Fahrt

Bild 82. Moderner Fischkutter mit Rotorenanlage

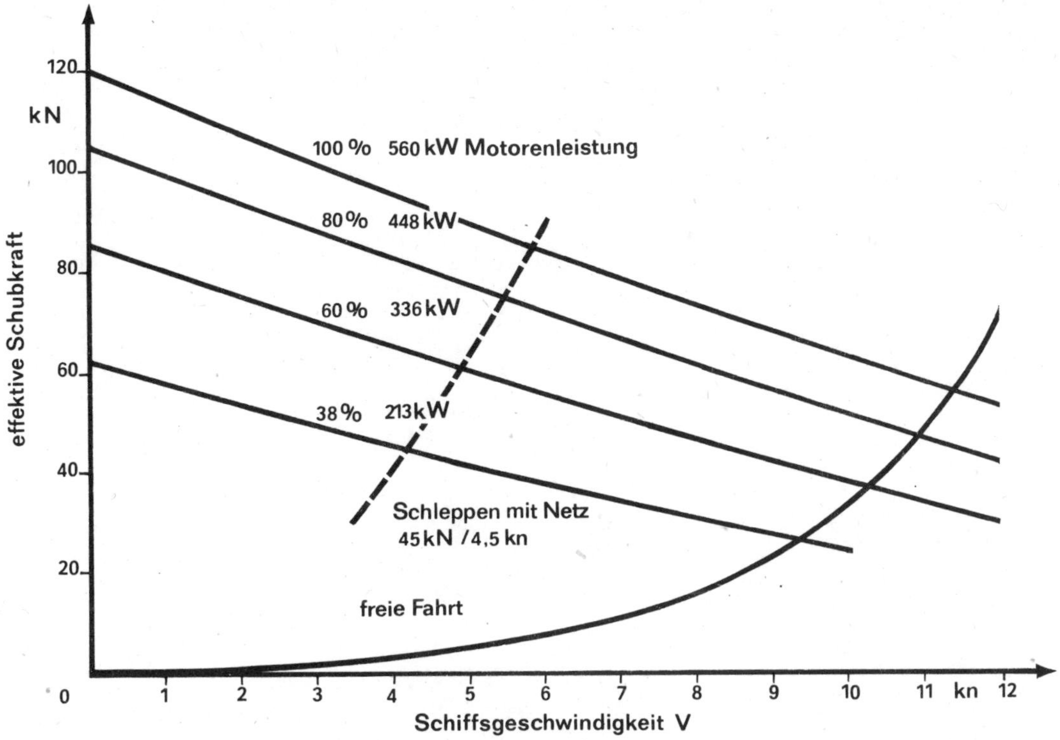

Bild 83. Zusammenhang zwischen Schubkraft und Schiffsgeschwindigkeit

Bild 84. Spezifische Treibstoffeinsparung für zwei Fahrtzustände

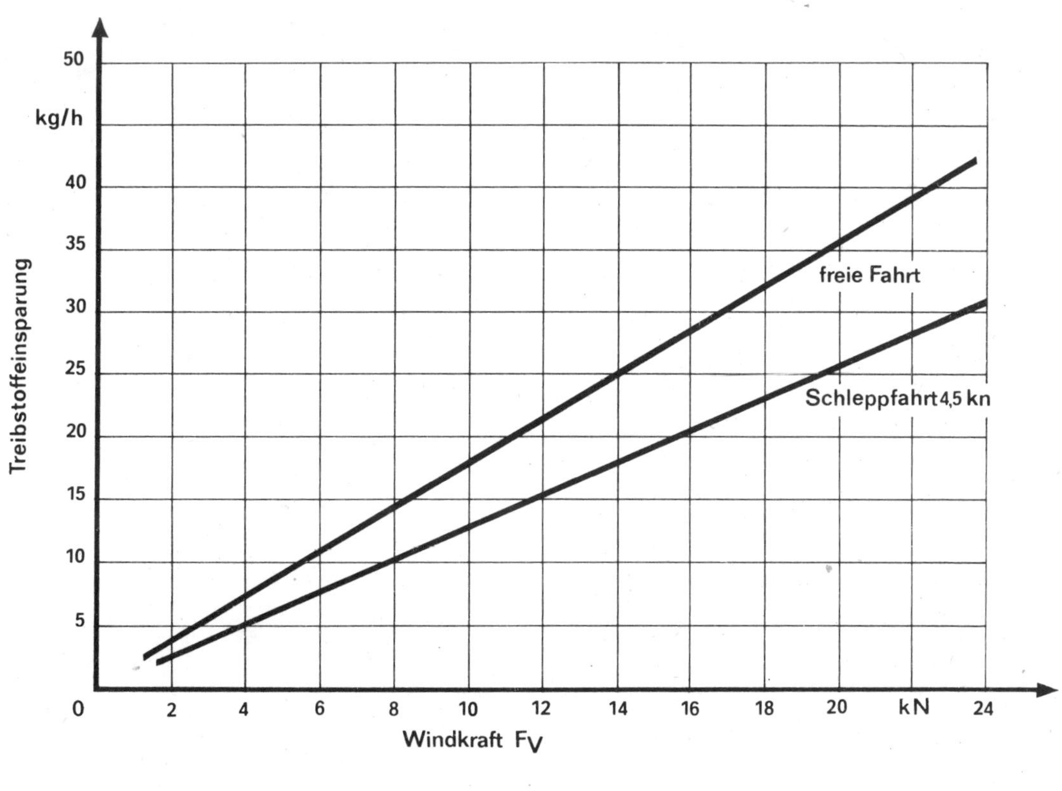

scheiben (Bild 85) können dann die Vortriebskräfte in Kursrichtung in Abhängigkeit vom wahren Windeinfallswinkel λ_w für verschiedene wahre Windgeschwindigkeiten V_w ermittelt werden. Bild 86 zeigt als Beispiel den Zusammenhang bei $V_w = 10$ m/s. Im Bereich von 130° bis 180° müssen die Kräfte wegen der gegenseitigen Beeinflussung der Rotoren reduziert werden (gestrichelte Linie im Bild 86). Die entscheidende Annahme ist nun, daß alle Kurse zum Wind im Lauf eines Jahres etwa gleichberechtigt vorkommen. Das trifft für ein Handelsschiff sicher nicht zu. Untersuchungen für Fischereifahrzeuge haben jedoch die prinzipielle Richtigkeit dieser Annahme bestätigt [38].

Durch Integration der Kurven $F_V = f(\lambda_w)$ über λ_w für verschiedene wahre Windgeschwindigkeiten V_w ergeben sich mittlere Windantriebskräfte, die im Bild 87 über V_w aufgetragen sind. Schließlich kann unter Beachtung der Untersuchungen über die Treibstoffeinsparung die mittlere stündliche Einsparung an Treibstoff in Abhängigkeit von V_w ermittelt werden (Bild 88).

Zur Ermittlung der jährlichen Einsparung wurde die mittlere jährliche Häufigkeitsverteilung der Windgeschwindigkeit für die westliche Ostsee herangezogen (Bild 89) [39]. Es wurde davon ausgegangen, daß die Windantriebsanlage im Windbereich von 4 bis 14 m/s eingesetzt wird. Diese Windgeschwindigkeiten kommen an 76,6 % der Tage eines Jahres vor. Die Fahrzeiten bei Wind über 14 m/s sind vernachlässigbar klein. In der Regel suchen die Fahrzeuge dann Landschutz auf. Bei Wind unter 4 m/s bringt die Anlage keinen Effekt mehr, wird außer Betrieb gesetzt und erhöht den Fahrtwiderstand des Schiffes nur wenig.

Unter Beachtung der relativen Häufigkeiten der Windbereiche zwischen 4 und 14 m/s läßt sich der jeweilige Anteil an der Treibstoffeinsparung errechnen und jährlich aufsummieren. Es ergibt sich eine durchschnittliche Einsparung von 7,84 kg/h für die Suchfahrt und 7,05 kg/h für die Schleppfahrt zu den Nutzungszeiten der Anlage. Bei einer jährlichen Fahrzeit von 2500 Stunden ergibt sich die Einsparung unter Zugrundelegung von 1915 Stunden Nutzung der Anlage. Die Treibstoffeinsparung ist dann 7 %, wenn der jährliche Gesamtverbrauch des Kutters ohne Windanlage mit 200 t angesetzt wird und 60 % der Fahrzeit Schleppzeit ist. Die jährliche Einsparung läßt sich vergrößern, wenn die Rotorfläche vergrößert wird. Der Zusammenhang zwischen Rotorfläche und Treibstoffeinsparung erweist sich als annähernd linear. Bei einer Rotorfläche von 2×20 m² ergeben sich 8,7 % jährliche Einsparung. Zwei Rotoren von je 24 m² bringen 10,4 %. Das ist dann allerdings die obere Grenze, da

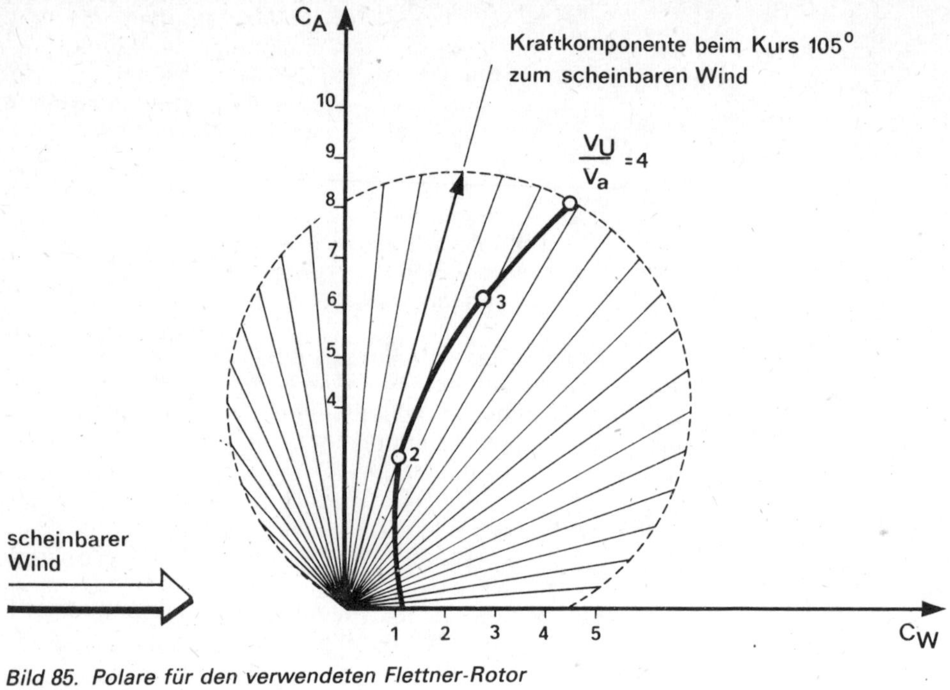

Bild 85. Polare für den verwendeten Flettner-Rotor

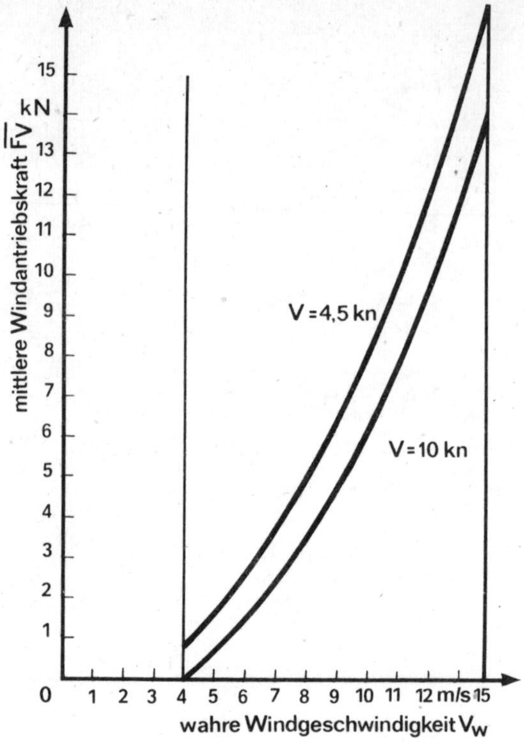

Bild 87. Mittlere Windantriebskräfte

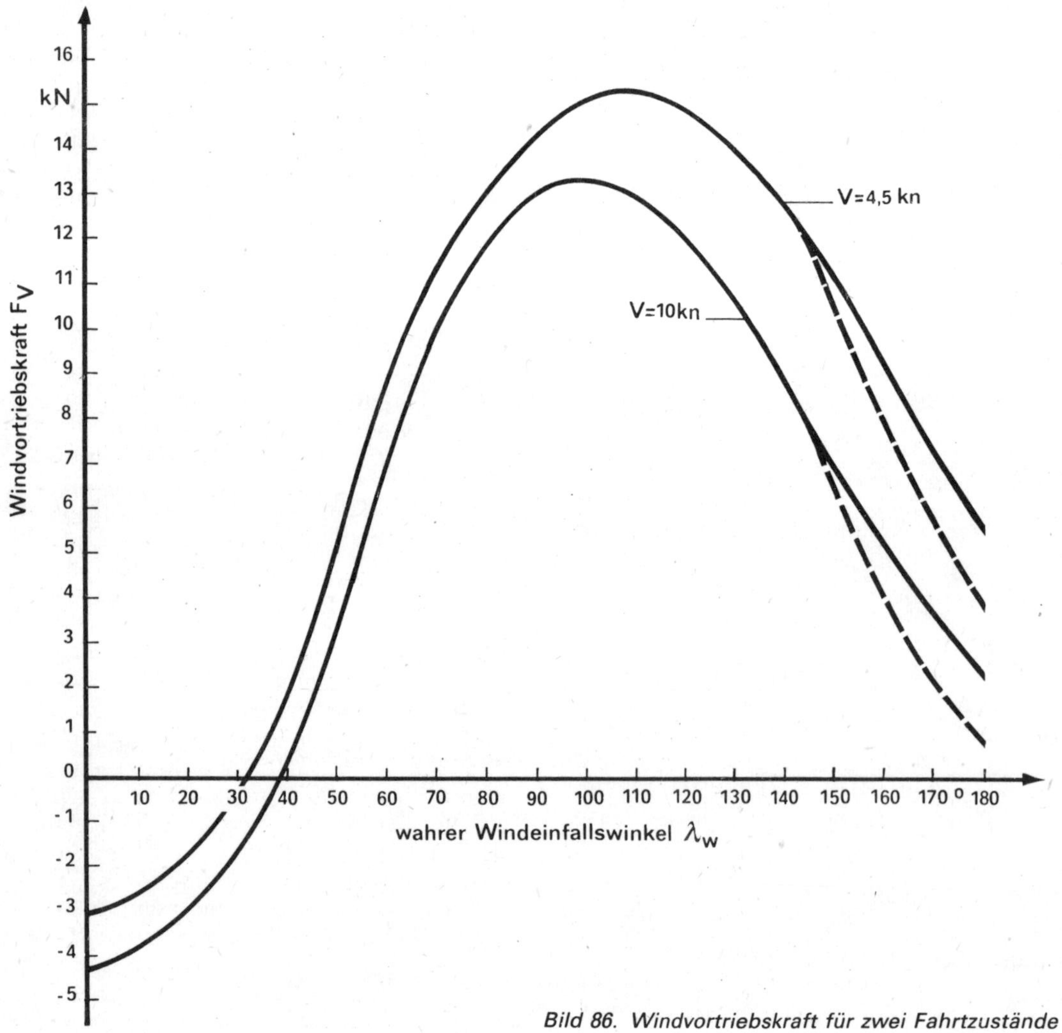

Bild 86. Windvortriebskraft für zwei Fahrtzustände

sonst das Schiff im Sturm keine ausreichende Stabilitätsreserve mehr hat.
Das war übrigens auch der Hauptgrund, weshalb für das Fischereifahrzeug eine Rotorenanlage als Windantriebsanlage vorgesehen wurde. Mit einer Flügelanlage wäre für dieses Schiff eine jährliche Einsparung von nur 5 % möglich gewesen. Die Vorteile der Rotorenanlage gegenüber einer Flügelanlage sind:

- geringere Abmessungen bei etwa gleicher Größe der Windkraft,
- tiefer liegender Kraftangriffspunkt der Windkraft,
- tiefer liegender Schwerpunkt der Anlage,
- geringerer Bedienungsaufwand,
- bessere Automatisierbarkeit,
- bessere Realisierungsmöglichkeiten.

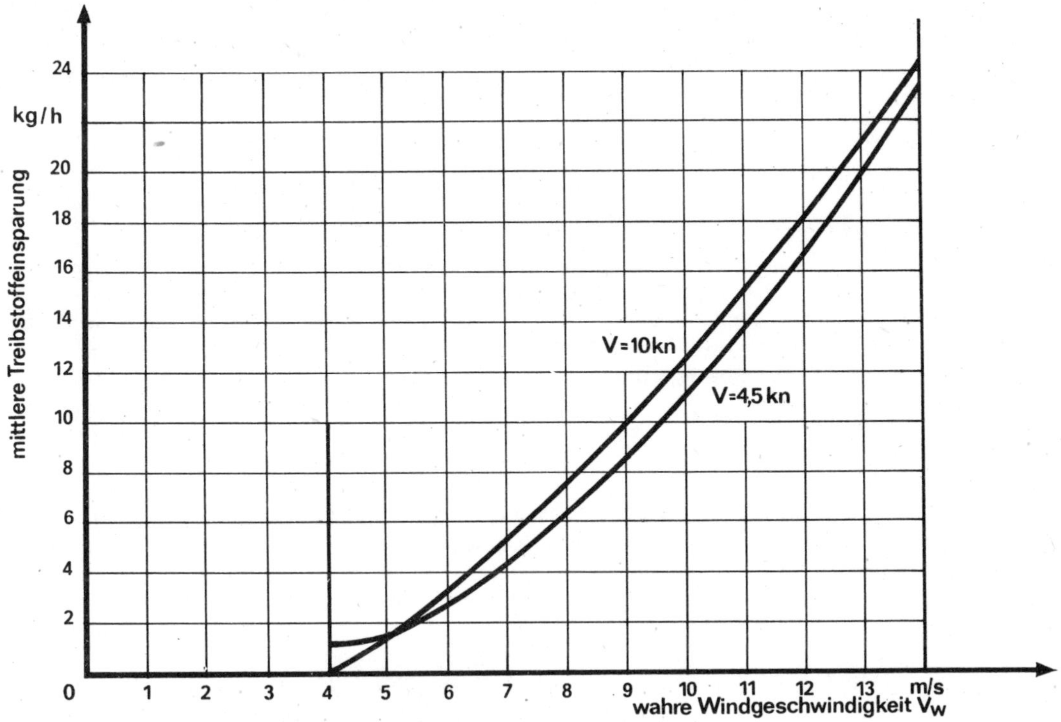

Bild 88. Mittlere stündliche Treibstoffeinsparung

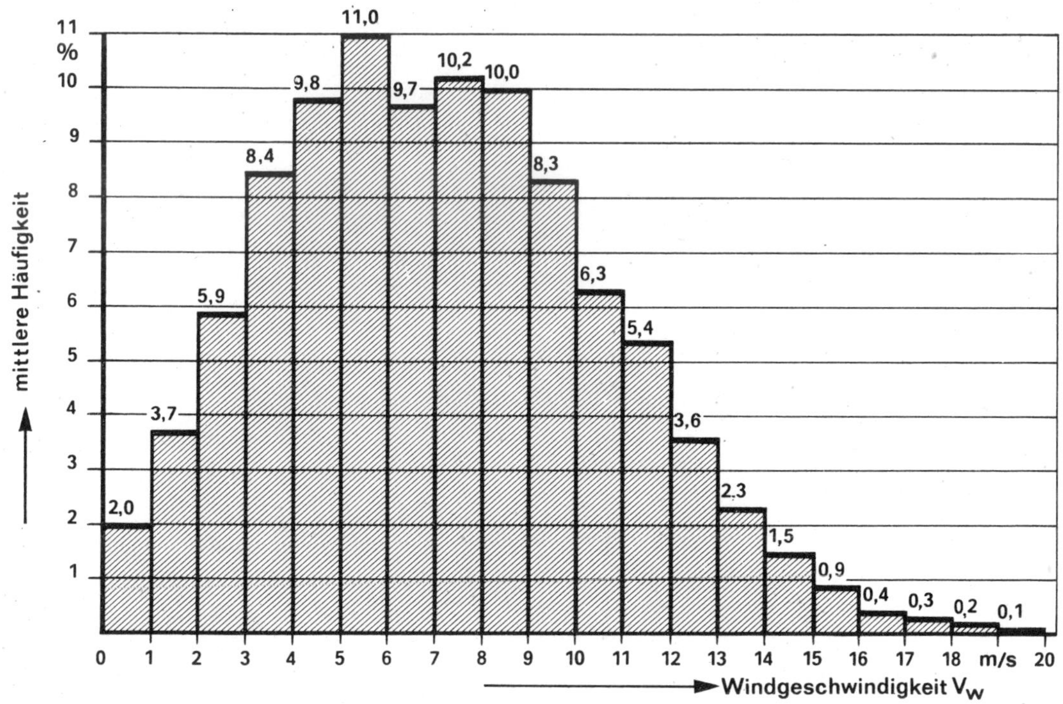

Bild 89. Mittlere jährliche Häufigkeitsverteilung der Windgeschwindigkeit für die westliche Ostsee, nach [39]

Die Automatisierungsaufgabe besteht in einer Anpassung der Drehrichtung und der Drehzahl an den Windeinfallswinkel und die Windgeschwindigkeit, gemessen an Bord (s. auch Abschnitt „Windantriebsanlagen auf Schiffen"). Daraus ergibt sich auch der Leistungsbedarf für die Rotation der Rotoren. Aus der Eigenmasse und dem Massenträgheitsmoment eines Rotors sowie aus einer vorgegebenen Zeit für die Änderung von Drehzahlen ergibt sich die notwendige maximale Antriebsleistung. Für Rotoren der genannten Größenordnung sind Elektromotoren von etwa 10 kW erforderlich, die bis 600 U/min drehzahlvariabel und umsteuerbar sein müssen. Der für die Rotation erforderliche Treibstoffbedarf ist nicht erheblich und im Vergleich zu anderen Bordanlagen gering; er mindert aber doch die genannten Zahlen über die jährliche Treibstoffeinsparung.

Das Beispiel zeigt, daß es angeraten ist, Angaben über jährliche Einsparungen von 30 % und mehr, wie sie in einigen Pressenotizen enthalten sind, kritisch zu betrachten.

Windschiffe von morgen

Es spricht vieles dafür, daß die für die bisherigen Darstellungen formulierten Voraussetzungen und Bedingungen noch mindestens bis zur Jahrtausendwende Grundlage der weiteren Entwicklung von Schiffahrt und Schiffbau sein werden. Umwälzende Wandlungen dürften sich bis zum Jahr 2000 wohl nicht vollziehen.
Ein Blick in das nächste Jahrtausend zwingt allerdings, sich von einer ganzen Reihe dieser Bedingungen zu lösen. Einer weiteren Zunahme des Welthandels und dessen vorrangiger Abwicklung auf den Seewegen stehen mit hoher Wahrscheinlichkeit weiter steigende Preise für fossile Energieträger gegenüber. Die natürliche und künstliche Verknappung der Erdöl- und Kohlevorkommen sowie der Drang nach steigenden Profiten derjenigen Industrieunternehmen, die daraus Treibstoffe für Schiffe herstellen, sind die Ursachen dafür (s. auch Abschnitt „Über die Nutzung der Windenergie"). Natürlich wird dieser Prozeß je nach Lage der Weltwirtschaft und speziellen ökonomischen und politischen Bedingungen Schwankungen unterworfen sein. Eine nicht unwesentliche Rolle wird dabei die Gestaltung der zukünftigen ökonomischen, insbesondere finanziellen Beziehungen zwischen den hochentwickelten Industrieländern und den Entwicklungsländern spielen.
Außerdem spricht vieles dafür, daß es der UNO und ihren Spezialorganisationen immer besser gelingen wird, die verkehrs- und sicherheitstechnischen, die ökonomischen und juristischen Belange des Weltseeverkehrs einheitlich zu regeln. Das würde der derzeit sehr unterschiedlichen Handhabung der Verwaltung und Bereederung der Schiffe, der differenzierten Ausbildung und Entlohnung der Seeleute einen regulierenden Rahmen setzen. Die Zeit der Billigflaggen und Billigheuern wäre vorbei. Der sich daraus ergebende steigende Wert der menschlichen Arbeitskraft wird zu einer weiteren Reduzierung der Besatzungsstärke und weiter steigender Mechanisierung und Automatisierung zwingen.
Welcher Energieträger im Seeverkehr des nächsten Jahrtausends dominierend sein wird, vermag noch niemand zu sagen. Der Rückgang der Produktion der aus Erdöl und Kohle hergestellten Treibstoffe ist unumgänglich und zeichnet sich bereits heute deutlich ab. Die Nutzung der Kernenergie bietet sich an, doch die gegenwärtigen Technologien lassen noch viele Fragen offen (s. auch Abschnitt „Schiffahrt und Wind"). Ob aus biologischen Prozessen gewonnene flüssige oder gasförmige Energieträger dominieren werden, ist noch unklar. Mit Sicherheit aber bleibt die Sonnenenergie in Form des Windes als Sekundärerscheinung sowie der Licht- und Wärmestrahlung. Gelänge es sogar, die Nutzung dieser beiden Formen zu kombinieren, hätte die Menschheit eigentlich keinen Grund, auf deren Nutzung zu verzichten.
Einige *Grundbedingungen für die Schiffahrt von morgen* lassen sich aus den gegenwärtigen Tendenzen herleiten (s. Abschnitt „Über die Nutzung der Windenergie").
Pünktlichkeit und Kurstreue werden weiter zunehmen. Die Planung des modernen Seeverkehrs und der Trend zur weiteren Erhöhung der Sicherheit zwingen dazu, genau zum vereinbarten Zeitpunkt am Zielhafen anzukommen und dabei besonders in stark befahrenen Seegebieten festgelegte Seewege exakt einzuhalten. Auf den Ozeanen kommt es darauf an, den Kurs unter Beachtung der aktuellen und der zu erwartenden meteorologischen und hydrologischen Bedingungen anhand vielfältiger Informationen und wissenschaftlich begründeter Prognosen so zu wählen, daß das Schiff bei geringstem Energieaufwand und geringem Sicherheitsrisiko tatsächlich zum festgelegten Zeitpunkt am Zielhafen eintrifft. Welche Durchschnittsgeschwindigkeiten dabei angesetzt werden, wird auch zukünftig stark vom Wert der Ladung abhängen.
Das wachsende Sicherheitsbedürfnis der Menschen und der wissenschaftlich-technische Fortschritt werden dazu führen, daß jedes erkennbare Risiko für Schiff und Besatzung von vornherein weitgehend vermieden wird. Konzeptionen, bei denen die Schwimmfähigkeit eines Schiffes von der Funktionsfähigkeit mechanischer, elektrischer, elektronischer oder hydraulischer Anlagen abhängt, sind ungeeignet.
Ein windgetriebenes Schiff der Zukunft muß eben unkenterbar sein und auch beim voll-

Bild 90. Massengutschiff mit zwei Tragflügelsystemen und Solarzellen

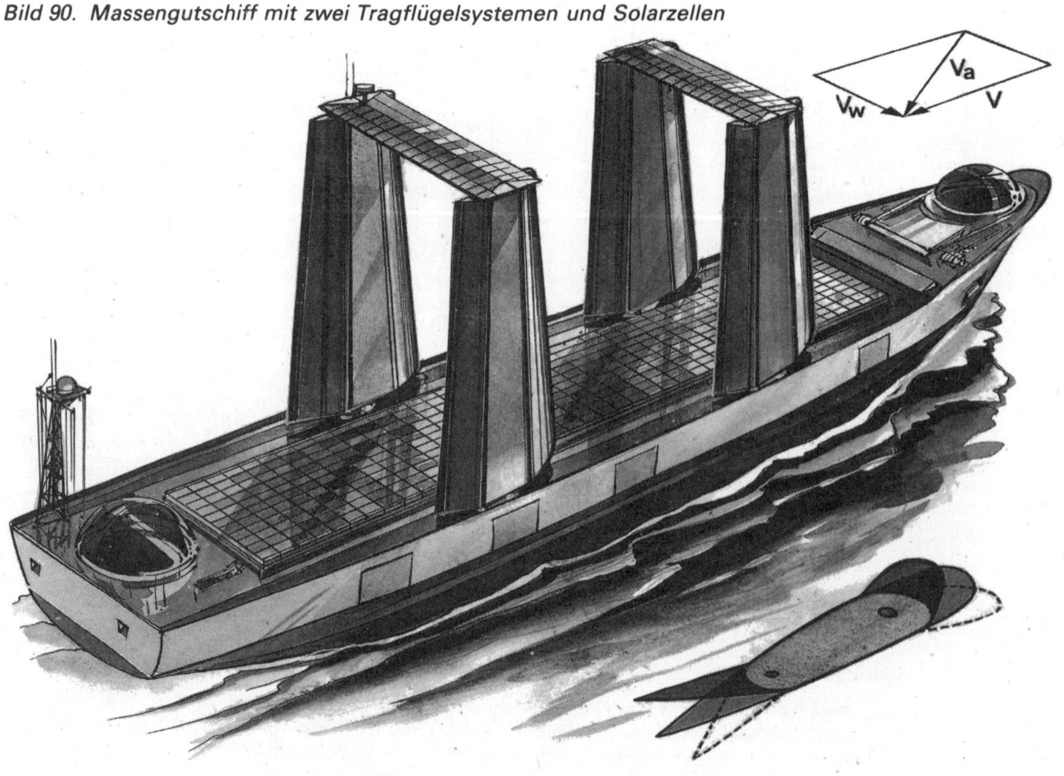

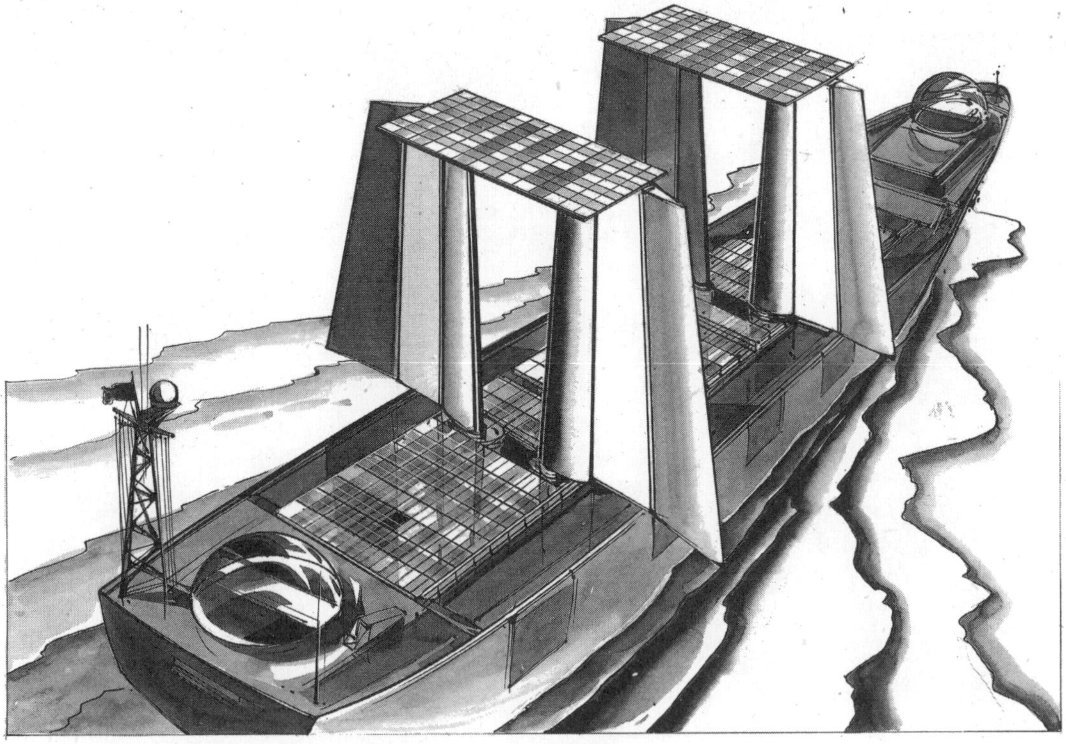

Bild 91. Nutzung des Flügelsystems bei achterlichem Wind

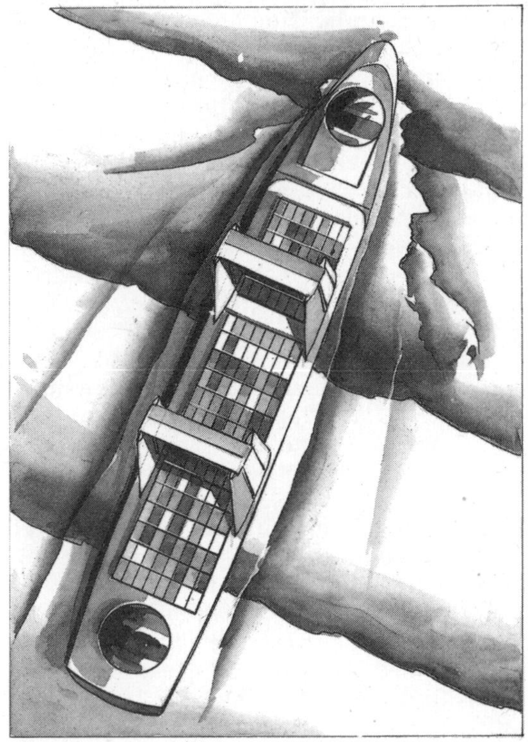

Bild 92. Flügelsystem im Sturm auf dem Gegenwindkurs

ständigen Ausfall aller Bedienungseinrichtungen für die Windantriebsanlagen noch sicher manövriert werden können. Beim Ausfall auch der verbliebenen Antriebs- und Manövrieranlagen muß es wenigstens vor Anker liegend noch Sicherheit für Besatzung und Ladung bieten. Allerdings ist zu vermuten, daß nach positiven Erfahrungen mit dem Windantrieb im modernen Seeverkehr die Größe und die Effektivität der Anlagen zunehmen werden.

Einrichtungen für den Lade- und Löschbetrieb an Land oder auf dem Schiff werden mit den Windantriebsanlagen verträglich gestaltet werden. Die Kombination vielfältiger Transporttechnologien wird auch dem effektiven Betrieb der Windschiffe Rechnung zu tragen haben. Und auch bei der Lösung all der anderen Probleme, wie Brückendurchfahrten, Hafenbetrieb, Begegnungssituationen bis hin zu juristischen Fragen, wird die Existenz der Windschiffe zu beachten sein.

Die Kombination von *tragflügelartigen Windantriebsanlagen mit Solarbatterien* ist eine der ernst zu nehmenden Varianten. Beim senkrechten Auftreffen des Sonnenlichtes auf eine Fläche kann theoretisch eine Leistung von maximal rd. 1 kW/m^2 erzeugt werden. Diese Zahl ist nur ein Richtwert. Einfluß haben der wechselnde Abstand Erde–Sonne, der Zustand der Sonnenoberfläche (Sonnenaktivität) und der Zustand der Erdatmosphäre. Bei Bewölkung und schrägem Auftreffen der Sonnenstrahlen wird die Leistung entsprechend gemindert. Von der Licht- und Wärmeenergie lassen sich nur rd. 20 % in für den Schiffsantrieb günstige elektrische Energie umsetzen. Allerdings können die anderen Energieformen für den Hilfsbetrieb mitgenutzt werden. Es kann davon ausgegangen werden, daß zukünftig je Quadrat-

Bild 93. Fischereikatamaran mit vertikalem Flügelsystem

meter projizierte Tragflügelfläche 0,1 bis 0,15 kW elektrische Leistung durch Solarbatterien erzeugt werden können.
Bild 90 zeigt ein Massengutschiff mit *zwei Tragflügelsystemen*. Die Tragflügel selbst sind mit schwenkbaren Flügelnasen und Schwenkklappen versehen und können mit einem Gesamtkraftbeiwert von $C_G = 2{,}0$ angesetzt werden. Bei einem Wind von $V_w = 10$ m/s und $\lambda_w = 100°$ erzeugen sie eine Vortriebsleistung von rd. 1,0 kW/m². Das Schiff mit einer Länge von 150 m und 25 000 t Deplacement benötigt 6000 kW Motorenleistung für eine Dienstgeschwindigkeit von 15 kn. Das Tragflügelsystem ist 50 m hoch und hat eine projizierte Gesamtfläche von 2000 m². Unter den formulierten Windbedingungen erzeugen die Flächen, wenn sie zusätzlich mit Solarzellen bestückt sind, eine Antriebsleistung von rd. 2100 kW. Dabei wurde berücksichtigt, daß von den rd. 200 kW elektrische Leistung nur rd. 100 kW in Propulsionsleistung umgesetzt werden können. Das sind über 50 % der erforderlichen Gesamtleistung, da die Motorenleistung nur zum Teil als Propulsionsleistung zur Verfügung steht (s. Abschnitt „Windschiffe von heute"). Bereits bei $V_w = 15$ m/s wird die zum Antrieb erforderliche Leistung allein durch das Flügelsystem erzeugt. Bei Fahrt gegen den Wind haben die Flügel einen Widerstandsbeiwert von $C_w = 0{,}03$. Der Verlust beträgt bei $V_w = 10$ m/s und $V_a = 17{,}5$ m/s etwa 0,05 kW/m². Er ist damit geringer als der Gewinn durch die Solarzellen. Das Schiff könnte also bei Windstärke 5 Bft. nur mit Solarbatterien noch gegen den Wind fahren, wenn auch langsam, da auch noch der Wind- und Wellenwiderstand des Schiffskörpers und die Propellerverluste zu beachten sind. Bei Windstille und sonnigem Wetter, eine in der Äquatorzone typische Wettersituation, erzeugen die Sonnenbatterien rd. 300 kW elektrische Leistung. Sie tragen immer noch mit rd. 5 % zur Entlastung des Hauptmotors bei. Dieser Anteil kann weiter erhöht werden, wenn weite Teile des Decks (z. B. Lukendeckel und Decks der Aufbauten) ebenfalls mit Solarzellen bestückt sind, auch wenn das gegenwärtig schwer vorstellbar ist.
An den angegebenen Antriebsleistungen ist allerdings zu ersehen, daß es nicht möglich sein wird, ein Schiff nur mittels der Sonnenstrahlenenergie effektiv anzutreiben. Sonnenschein vorausgesetzt, müßte ein Schiff der angegebenen Größe eine Fläche von mindestens 30 000 m² mit Solarzellen besitzen. Das wäre vielleicht noch machbar, aber bei starkem Wind wären solche Flächen nicht mehr zu beherrschen.
Das Tragflügelsystem des Massengutschiffes nach Bild 90 wird mit der dargestellten Einstellung von $\lambda_a = 15$ bis 150° wirksam, wobei durch Drehung der gesamten Flügel, der Flügelnasen und der Schwenkklappen der jeweils größte Kraftanteil in Kursrichtung erzeugt wird. Bei achterlichem Windeinfall werden die Flügel so gedreht, daß beide Systeme zusammen dem Wind den größten Widerstand bieten. Dazu werden die hinteren Flügel nach innen, die vorderen nach außen gedreht (Bild 91). Bei Sturm befinden sich Flügelnasen und Schwenkklappen in Mittelstellung. Diese Stellung wird auch bei Störungen an der Bordenergieerzeugung eingenommen. Der Drehmechanismus der Flügel ist außer Betrieb, so daß die Flügel sich frei drehend so einstellen können, daß sie den geringsten Widerstand bieten (Bild 92).
Ein Fischereikatamaran von 30 m Länge hat ein ähnliches Flügelsystem mit *zwei vertikalen Flügeln*. Die hohe Stabilität des Doppelrumpfes ermöglicht eine vergleichbare größere projizierte Flügelfläche. Sie beträgt 2 × 300 m² (Bild 93). Bei einer Flügelhöhe von 30 m und einer Breite von 10 m lassen sich die Flügel auf dem Vorwindkurs so nach innen drehen, daß eine geschlossene Fläche entsteht. Eine weitere Erhöhung der Segelfläche ist bei achterlichen Winden dadurch möglich, daß aus der oberen Traverse eine Segelfläche von nochmals 300 m² nach unten ausgerollt wird. Dazu werden die Flügel nach außen gedreht. Im Bild 94 ist das an einem ähnlichen Fahrzeug dargestellt. Die auf diese Weise entstandene Winddruckfläche von insgesamt 900 m² dürfte insbesondere beim Schleppen des Netzes auf dem Vorwindkurs eine wesentliche Hilfe bieten. Bei einem Wind von etwa 10 m/s und einer Schleppgeschwindigkeit von 4,5 kn (rd. 2,3 m/s) ergibt sich eine achterliche Anströmgeschwindigkeit von 7,8 m/s. Bei einem Widerstandsbeiwert der aufgespannten Fläche von $C_w = 1{,}0$ entsteht dabei eine Vortriebskraft von rd. 33 kN. Das sind etwa 50 % der zum Schleppen des Netzes erforderlichen Schleppkraft. Fällt der Wind mit etwa 100° zum Kurs ein, erzeugen die beiden Flügel eine Vortriebskraft von über 60 kN. Das entspricht etwa derjenigen Kraft, die zum Schleppen mit 4,5 kn nötig ist. Der Hauptmotor könnte außer Betrieb gesetzt werden. Der Fachmann könnte entgegenhalten, daß ein solcher Kurs in der Hochseefischerei nicht üblich ist, da das Schiff durch die quer laufende See stark rollt. Es ist aber zu beachten, daß ein Katamaran mit derart großer Winddruckfläche kaum noch Rollschwingungen ausführt.
Beim Schleppen gegenan werden die Flügel auf Mittschiffsstellung gebracht. Es müssen zusätzlich 4 kW aufgebracht werden, um ihren Widerstand zu überwinden. Insgesamt werden auf diesem Kurs rd. 300 kW Antriebsleistung benötigt. Wenn von einer 50 %igen Ausnutzung der Motorenleistung ausgegangen wird, sind das 600 kW, die vom Antriebsmotor abgefordert werden. Da-

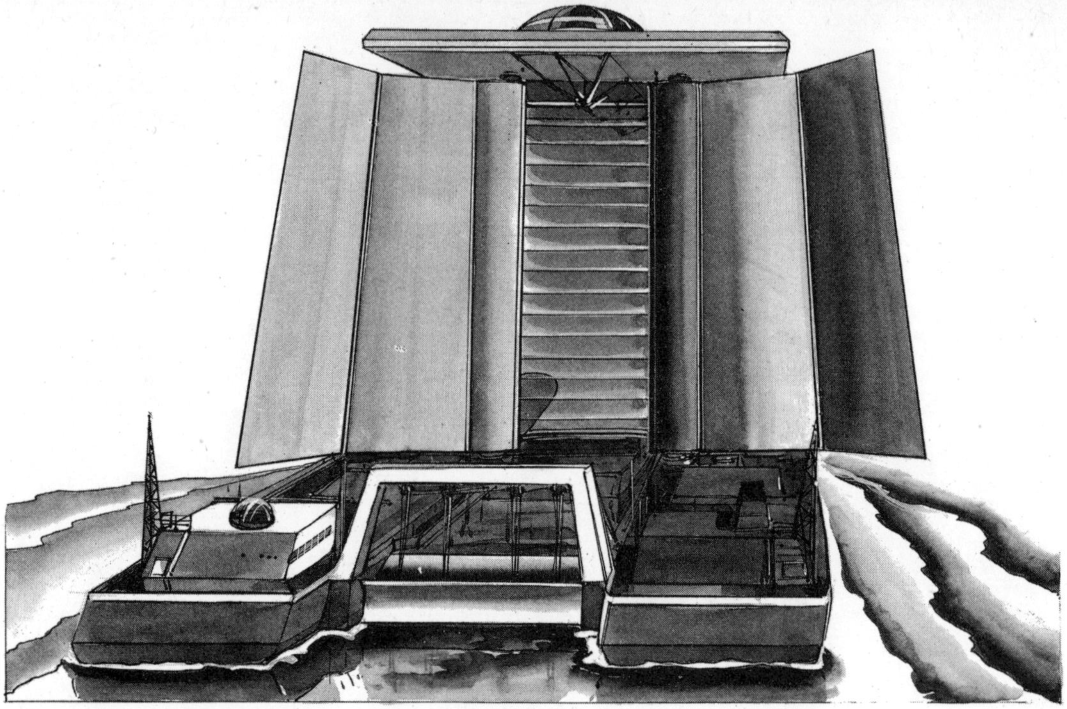

Bild 94. Nutzung des Flügelsystems bei achterlichem Wind

mit ist der 800-kW-Motor optimal belastet. Diese Motorenanlage verleiht dem Katamaran bei maximaler Auslastung eine Freifahrtgeschwindigkeit von 12 kn. Bereits bei $V_w = 12$ m/s aus seitlicher Richtung wird diese Geschwindigkeit nur mit der Flügelanlage ebenfalls erreicht. Da die Windantriebsanlage bis zu $V_w = 20$ m/s ausgelegt ist, kann das Fahrzeug bis zu 15 kn erreichen. Bei höheren Windgeschwindigkeiten besteht Kentergefahr, weshalb die Flügel dann in die bereits beschriebene Sturmstellung gebracht werden müssen. Um das nicht allein von der menschlichen Entscheidung abhängig zu machen, gibt eine Automatik das Drehen der Flügel frei, wenn ein bestimmter Krängungswinkel überschritten wird. Da bei einem Krängungswinkel von 15° ein Rumpf austaucht, dürfte das der Grenzwert sein.

Nach der Vorstellung dieser beiden hochentwickelten Varianten des Schratsegelprinzips zeigen die Bilder 95 und 96 eine interessante Variante der *Kombination des Schratsegel- mit dem Rahsegelprinzip*.

Das abgebildete Massengutschiff besitzt vier klappbare Flügel. Im aufgeklappten Zustand bieten sie insbesondere bei achterlich einfallendem Wind eine relativ große Fläche. Bei seitlicher Anströmung kann durch Wahl verschiedener Öffnungswinkel in einem bestimmten Bereich die Wölbung der Saugseite der Flügel beeinflußt werden. Bei sehr spitz einfallendem Wind und bei Sturm werden die Flügel zusammengeklappt und bilden einen symmetrischen Flügel, der bei einem geringen Widerstand noch eine akzeptable Vortriebskraft entwickelt und wegen der geringeren Fläche auch bei Sturm noch gut funktioniert. Bei zu hohen Windgeschwindigkeiten werden auf die schon bekannte Weise die Flügel frei drehend eingestellt.

Das Problem dieses Prinzips dürfte der Klappmechanismus sein. Versagt er bei zunehmendem Wind, können die geöffneten Flügel das Schiff in große Gefahr bringen. Dann hilft nur ein Vierkantbrassen, d. h., alle Flügel sind in Querstellung zu bringen. Das erfordert jedoch Bordenergie, die im Havariefall nicht immer zur Verfügung steht.

Diese ernste Frage der Schiffssicherheit ist bei der im Bild 97 dargestellten Variante besser gelöst. Die rahsegelartige Flügelform besteht aus einzelnen Profilkörpern, die sich um 90° drehen und am Mast nach unten fahren lassen [40]. Bereits im nur gedrehten Zustand bieten sie dem Wind kaum noch Widerstand, tragen aber zur Verminderung der Rollschwingungen bei. In der heruntergefahrenen Lage befinden sich alle Teile übereinander auf dem Deck und behindern das Manövrieren bei starkem Wind oder im Hafen nicht mehr. Auf diese Weise lassen sich problemlos den jeweiligen Windstärken angepaßte Flächen erzeugen. Im Bild 97 ist z. B. die Fläche des vorderen Flügels reduziert, um dem Schiff die Leegierigkeit zu nehmen.

Bild 95. Massengutschiff mit vier Klappflügeln

Bild 96. Starkwindvariante der Klappflügel

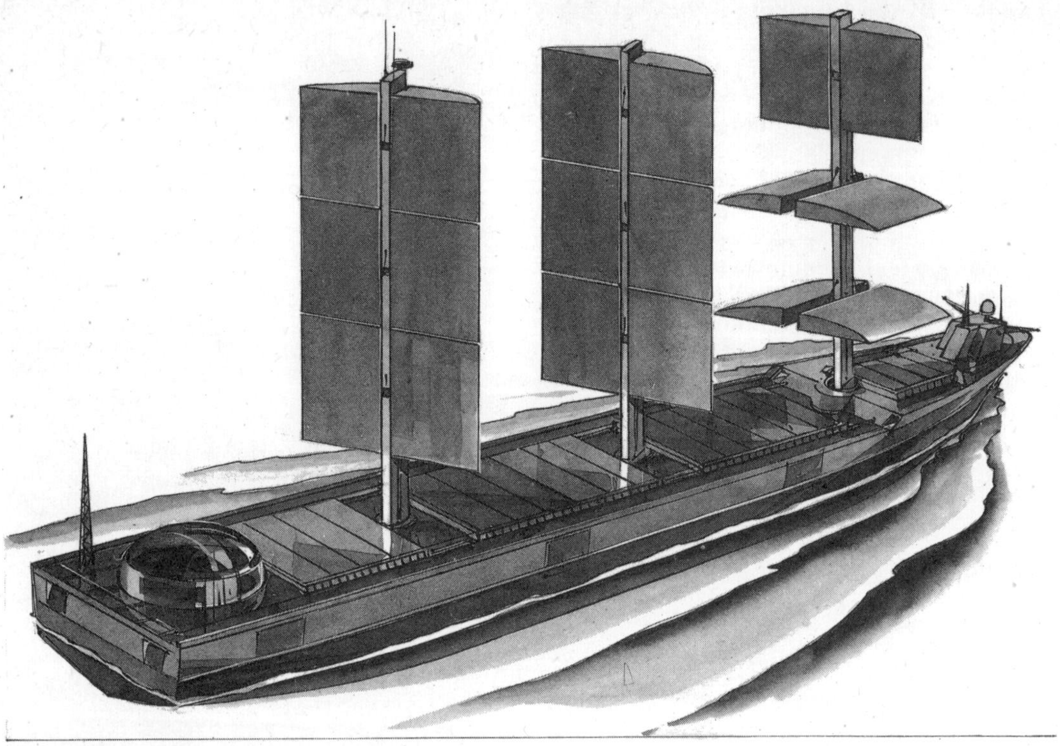

Bild 97. Flügel aus Profilkörpern

Bei einer asymmetrischen Anordnung der Drehachsen der Profilkörper stellt sich die 90°-Drehung durch die Schwerkraft ein, wenn eine Arretierung gelöst wird. Wird dieser Vorgang mit dem Überschreiten eines bestimmten Krängungswinkels automatisch gekoppelt, ist das Risiko auf ein Minimum beschränkt. Ein weiterer großer Vorteil dieser Idee liegt darin, daß die Windantriebsanlage praktisch bei jedem Wind arbeitet. Es ist kein Risiko, bei Orkan mit $V_w = 30$ m/s an jedem Flügel jeweils unten ein Drittel stehenzulassen, um den sehr energiereichen Wind zu nutzen. Bei einem 6000-t-Schiff und einem Gesamtkraftbeiwert des Profils von $C_G = 1{,}2$ kann bei $V_w = 30$ m/s jeder Quadratmeter Flügelfläche etwa 5 kW Antriebsleistung erzeugen. Wenn auch von den ursprünglich 1800 m^2 Flügelfläche nur 600 m^2 stehenbleiben können, erzeugen diese immerhin 3000 kW. Das reicht bei günstiger Windrichtung zum Kurs aus, dem Schiff eine Geschwindigkeit von 15 kn zu verleihen, ohne die Propulsionsanlage in Betrieb nehmen zu müssen. Werden die Profilkörper als Vollschaumkörper mit verfestigter Oberfläche hergestellt, dürfte ihre Masse auch nicht über der vergleichbarer Flügel liegen.

Ein weites Feld möglicher Windantriebsanlagen öffnet sich, wenn vollständig zusammenklappbare, zusammenfaltbare, teleskopartig zusammenschiebbare oder aufblasbare Varianten untersucht werden. Dabei ist zu beachten, daß nur solche Lösungen in Frage kommen, bei denen während des Ausklappens, Aufblasens oder Ausfahrens die Konstruktion eine ausreichende Festigkeit und Steifigkeit gegenüber der Windbelastung hat. Zum Beispiel haben aufblasbare Flettner-Rotoren keinen Sinn, wenn sie erst im vollständig aufgeblasenen Zustand über die erforderliche Festigkeit und Steifigkeit verfügen. Bild 98 zeigt einige Lösungen.

Im Bild 99 ist ein Tankschiff mit drei *teleskopartig ausfahrbaren Flettner-Rotoren* zu sehen. Einer der Rotoren wurde nicht ausgefahren. Die Rotoren bestehen aus sechs Segmenten mit je einer Endscheibe. Um die Steifigkeit und Festigkeit der Rotoren ausreichend zu erhalten und die Querschnittsminderung von unten nach oben zu minimieren, müssen sie einen vergleichsweise großen Durchmesser haben. Dadurch sinkt ihr Gesamtkraftbeiwert etwas ab. Er soll mit $C_G = 6$ angenommen werden. Das 10 000-t-Schiff mit einer Länge von 120 m benötigt 4000 kW Antriebsleistung, um auf die vorgesehene Dienstgeschwindigkeit von 15 kn zu kommen. Die drei Rotoren mit einem mittleren Durchmesser von 8 m und einer maximalen

Bild 98. Zusammenklappbare oder aufblasbare Windantriebsanlagen

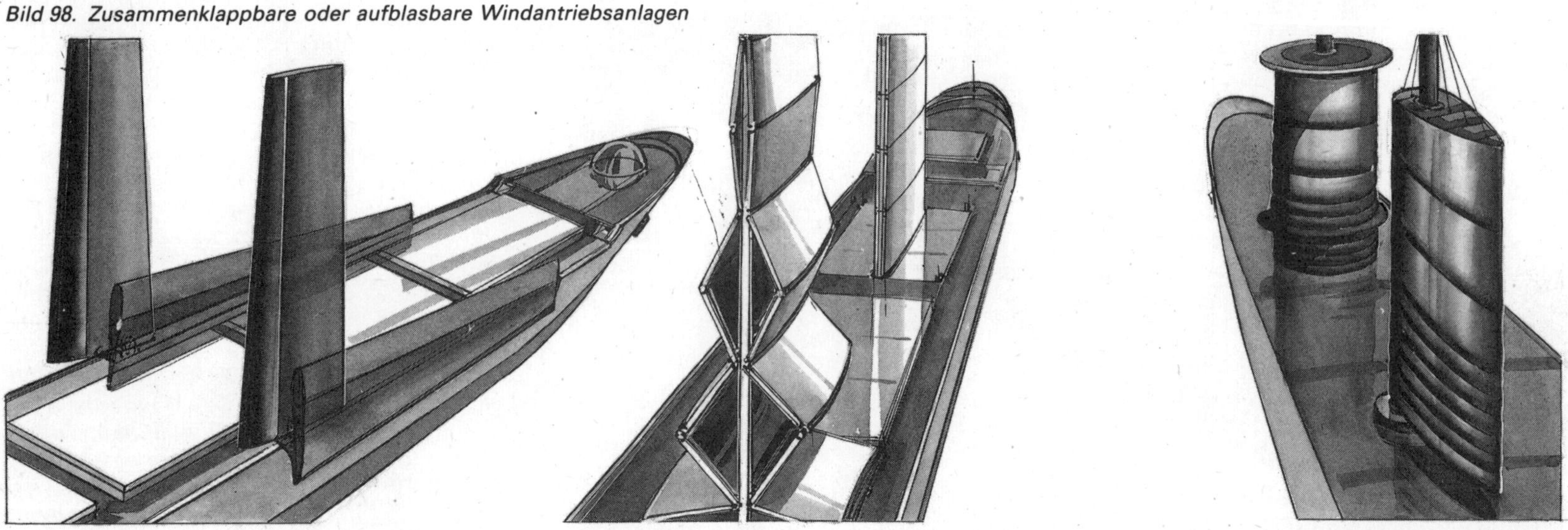

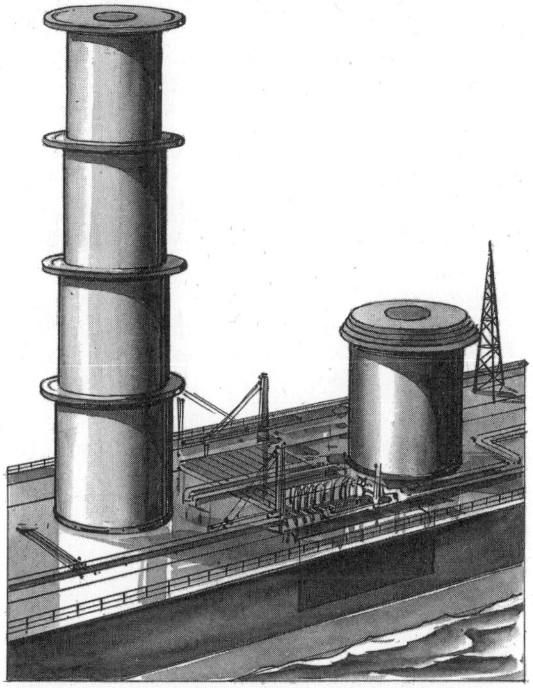

Bild 99. Tankschiff mit teleskopartig ausfahrbaren Rotoren

Bild 100. Tankschiff mit starren Rotoren

Höhe von 40 m über dem Deck können bei einem Wind von $V_w = 10$ m/s aus einer Richtung von $\lambda_w = 90°$ eine Vortriebsleistung von etwa 2750 kW aufbringen. Das ist mehr als die Hälfte der nötigen Antriebsleistung. Bei $V_w = 12$ m/s wird bereits die gesamte erforderliche Antriebsleistung durch die Rotoren

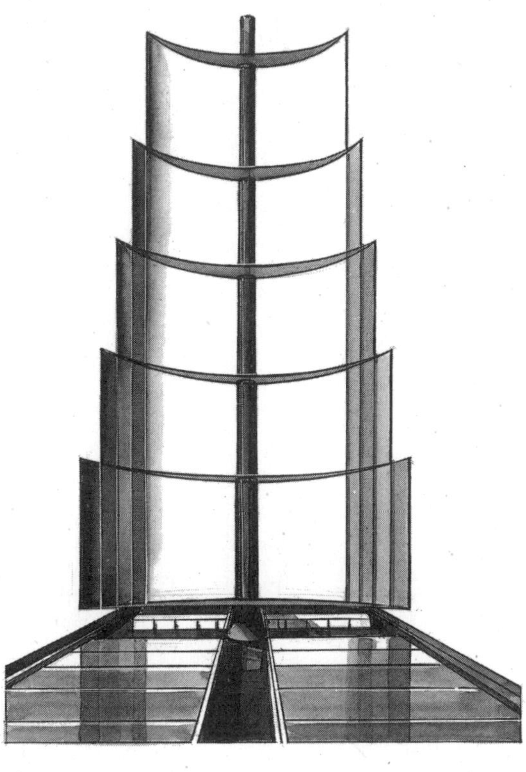

erzeugt. Nimmt der Wind zu, wird die Drehzahl nicht weiter erhöht, auch die Kraft auf die Rotoren steigt nicht weiter an (s. Abschnitt „Windantriebsanlagen auf Schiffen"). Die sich daraus ergebende Umfangsgeschwindigkeit der Rotoren ist $V_U = 48$ m/s. Das entspricht einer Drehzahl von etwa 115 U/min. Für die Eigenrotation ist jeder Rotor mit einem 50-kW-Motor ausgerüstet.

Bild 100 zeigt das Tankschiff mit drei fest installierten Rotoren von 50 m Länge und 5 m Durchmesser. Der Gesamtkraftbeiwert soll $C_G = 9$ sein. Damit erzeugen diese Rotoren bei $V_w = 10$ m/s und $\lambda_w = 90°$ eine Antriebsleistung von 3100 kW. Da die Rotoreigenleistung hier nur je 30 kW beträgt, ist ein Vorteil nicht zu übersehen. Die maximale Drehzahl der Rotoren beträgt 200 U/min.
Der Vorteil der einziehbaren Rotoren liegt offenbar nur in der besseren Manövrierbarkeit des Schiffes im engen Fahrwasser und bei der Fahrt gegenan. Es wird davon ausgegangen, daß Stabilitätsprobleme bei Rotorschiffen auch bei Sturm nicht auftreten.
Im Bild 101 ist ein Schiff mit einem gewaltigen *Windflügelrad* („Windmühlenschiff") zu sehen. Die Umströmung der Außenkanten des Flügelrades soll durch einen Ring reduziert werden. Um den erforderlichen Durchmesser der Luftschraube des 80 m langen Schiffes abzuschätzen, soll für den interessierten Leser eine mathematisch-physikalische Betrachtung vorgenommen werden.

Die größte Wirksamkeit der Anlage ist auf dem Gegenwindkurs zu erwarten. Dort ist die Anströmgeschwindigkeit V_a die Summe aus dem wahren Wind V_w und dem Fahrtwind V_F, der gleich der Schiffsgeschwindigkeit V ist.
Die Luftschraube mit der Kreisfläche A_{LS} erzeugt durch ihre Rotation die Druckdifferenz Δp, wobei die Anströmgeschwindigkeit V_a um den Betrag w reduziert wird.
Die ausnutzbare Luftschraubenleistung ist

$$P_{LS} = A_{LS} \cdot \varrho_L \cdot w\left(V_a - \frac{w}{2}\right)^2,$$

worin

$$\Delta p = \varrho_L \cdot w\left(V_a - \frac{w}{2}\right).$$

ϱ_L ist die Dichte der Luft.

Die günstigsten Verhältnisse sind erreicht, wenn $w = 2/3\ V_a$ ist. Man erhält

$$P_{LS,max} = \frac{8}{27} A_{LS} \cdot \varrho_L \cdot V_a^3.$$

Der Luftwiderstand der Luftschraube läßt sich einfach berechnen. Er ist

$$F_{LS} = A_{LS} \cdot \Delta p = \varrho_L \cdot A_{LS} \cdot w\left(V_a - \frac{w}{2}\right).$$

Im Fall $w = 2/3\ V_a$, der im weiteren angenommen werden soll, ergibt sich

$$F_{LS,max} = \frac{4}{9} \varrho_L \cdot A_{LS} \cdot V_a^2.$$

Bild 101. Prototyp eines Windmühlenschiffes

Der Schiffswiderstand ohne Luftschraube ergibt sich aus einem Überwasser- und einem Unterwasseranteil und läßt sich ausdrücken durch

$$F_{\text{Schiff}} = C_{W,\ddot{U}} \cdot \frac{\varrho_L}{2} \cdot A_a^2 \cdot A_{\ddot{U}} + C_{W,U} \cdot \frac{\varrho_W}{2} \cdot V^2 \cdot A_U;$$

$C_{W,\ddot{U}}$ Kraftbeiwert des Widerstandes des Überwasserschiffes,

$C_{W,U}$ Kraftbeiwert des Widerstandes des Unterwasserschiffes,

ϱ_W Dichte des Wassers,

$A_{\ddot{U}}$ projizierte Überwasserfläche in Fahrtrichtung,

A_U projizierte Unterwasserfläche in Fahrtrichtung.

Zuzüglich des Luftschraubenwiderstandes ergibt sich daraus der Gesamtwiderstand des Luftschraubenschiffes zu

$$F_W = \frac{4}{9}\varrho_L \cdot A_{LS} \cdot V_a^2 + \frac{1}{2} C_{W,\ddot{U}} \cdot \varrho_L \cdot A_{\ddot{U}} \cdot V_a^2 + \frac{1}{2} C_{W,U} \cdot \varrho_W \cdot A_U \cdot V^2.$$

Die Propulsionsleistung P_p am Propeller hängt mit der Luftschraubenleistung P_{LS} über den Wirkungsgrad der Übertragung $\eta_{\ddot{u}}$ zusammen:

$$P_p = \eta_{\ddot{u}} \cdot P_{LS}.$$

Die Verluste entstehen durch die mechanische, elektromechanische oder elektrohydraulische Übertragung der Rotationsenergie. $\eta_{\ddot{u}}$ soll mit 0,75 angesetzt werden.

Die Schubkraft des Propellers ergibt sich aus

$$F_S = \frac{P_p}{V} = \frac{8}{27} \cdot 0{,}75\, A_{LS} \cdot \varrho_L \frac{V_a^3}{V} = \frac{2}{9} A_{LS} \cdot \varrho_L \frac{V_a^3}{V}.$$

Die Propellerschubkraft muß mit dem Gesamtwiderstand des Luftschraubenschiffes im Gleichgewicht stehen:

$$F_W = F_{\text{Schub}}.$$

Daraus folgt

$$\frac{2}{9} A_{LS} \cdot \varrho_L \frac{V_a^3}{V} = \frac{4}{9} A_{LS} \cdot \varrho_L \cdot V_a^2 + \frac{1}{2} C_{W,\ddot{U}} \cdot A_{\ddot{U}} \cdot \varrho_L \cdot V_a^2 + \frac{1}{2} C_{W,U} \cdot A_U \cdot \varrho_W \cdot V^2.$$

Aus dieser Formel läßt sich für gegebene geometrische und Fahrtbedingungen die erforderliche Luftschraubenfläche ermitteln. Ein Zahlenspiel soll das zeigen.
Die gewünschte Geschwindigkeit des 80-m-Schiffes sei $V = 10$ kn (rd. 5 m/s). Mit $A_U = 40\ \text{m}^2$, $A_{\ddot{U}} = 100\ \text{m}^2$, $\varrho_L = 1{,}225\ \text{kg/m}^3$, $\varrho_W = 1000\ \text{kg/m}^3$, $C_{W,\ddot{U}} = 0{,}5$ und $C_{W,U} = 0{,}3$ ergibt sich für drei verschiedene Geschwindigkeiten V_w:

$V_{w,1} = 7{,}5$ m/s, $V_{a,1} + V_{w,1} + V = 12{,}5$ m/s,
$A_{LS,1} = 7266\ \text{m}^2$;
$V_{w,2} = 10$ m/s, $V_{a,2} = V_{w,2} + V = 15$ m/s,
$A_{LS,2} = 2550\ \text{m}^2$;
$V_{w,3} = 15$ m/s, $V_{a,3} = V_{w,3} + V = 20$ m/s,
$A_{LS,3} = 520\ \text{m}^2$.

Für $V_w = 5$ m/s und $V_a = 10$ m/s ergibt sich ein unendlich großer Luftschraubendurchmesser, weil in diesem Fall die aus der Luftschraube zu gewinnende Propulsionsleistung gleich der Verlustleistung durch den Luftschraubenwiderstand ist. Der Zusam-

Bild 102. Luftschraubenabmessungen bei V = 10 kn in Abhängigkeit von V/V_a bzw. V_w

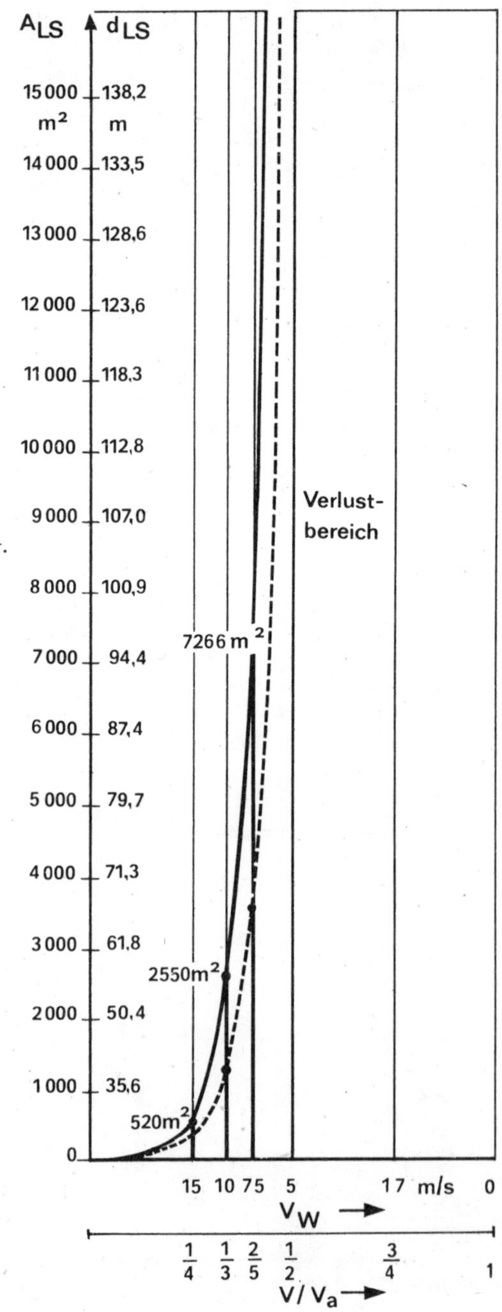

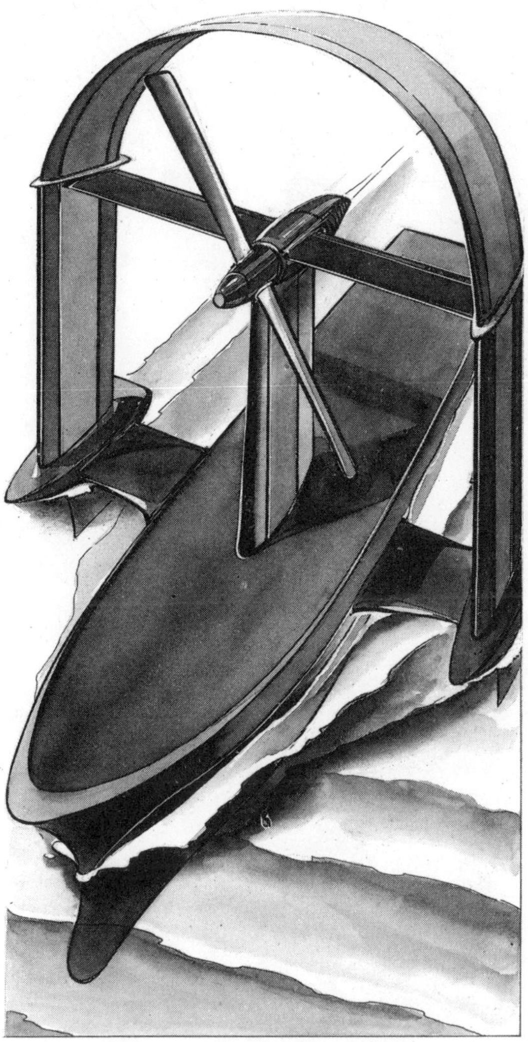

Bild 103. Luftschraube im Flügelsystem

menhang ist im Bild 102 dargestellt. Es wird deutlich, daß ein Luftschraubenschiff überhaupt nur dann einen Sinn hat, wenn $V < 1/2\ V_a$ ist. Dies gilt auch, wenn die Luftschraube nur zur Entlastung der Motorenanlage eingesetzt werden soll. Bei Windstille ist $V = V_a$. Die rotierende Luftschraube bringt dann Verlust. Sie ist in diesem Fall in die viel günstigere Ruhestellung zu bringen. Bei $V = 1/2\ V_a$ arbeitet die Luftschraube nur für sich selbst. Um die Anlage bei $V = 10$ kn einsetzen zu können, muß also unbedingt ein Wind von mehr als 5 m/s wehen. Ob dann die Motorenanlage noch nötig ist, ergibt sich aus der für $V = 10$ kn erforderlichen Propulsionsleistung P_p und der Propulsionsleistung der Luftschraube $P_{LS,max}$.
Der im Bild 102 dargestellte Zusammenhang gilt für den reinen Windantrieb. Wenn die Motorenanlage des Schiffes um 50 % entlastet werden soll, gilt die gestrichelte Linie. Auf der vertikalen Achse sind noch die zu den jeweiligen Flächen gehörenden Luftschraubendurchmesser d_{LS} aufgetragen. Es zeigt sich, daß ein Luftschraubendurchmesser von $d_{LS} = 80$ m, entsprechend etwa $A_{LS} = 5000\ m^2$, nur bis zum Verhältnis $V/V_a = 3/8$ unter den vorausgesetzten Bedingungen arbeitet. Zum Erreichen von $V = 5$ m/s muß also schon $V_a = 13{,}3$ m/s, entsprechend $V_w = 9{,}3$ m/s sein.
Vermerkt sei noch, daß für die vorstehenden Überlegungen sehr günstige Verhältnisse angenommen wurden, die nur schwer erreichbar sind. Über den Wirkungsgrad des Schiffspropellers wurde nichts ausgesagt. Es ist aber klar, daß das Prinzip nur bei Propellern mit geringen Drehzahlen und großen Durchmessern funktioniert.
Die der Luftschraube zurechenbare Propulsionsleistung beträgt bei $V_w = 10$ m/s und $V = 5$ m/s etwa 0,9 kW/m^2 Luftschraubenkreisfläche. Damit ist die Luftschraube den anderen Windantriebseinrichtungen durchaus ebenbürtig.
Um den Luftschraubendurchmesser reduzieren zu können, soll die Anlage mit einem Flügelsystem kombiniert werden. Für ein Schiff nach Bild 103 wollen wir die geometrischen Verhältnisse einschätzen. Bei einem wahren Wind von $V_w = 10$ m/s und einer Windrichtung zum Kurs von $\lambda_w = 60°$ fällt ein scheinbarer Wind mit $V_a = 12$ m/s mit einem Anströmwinkel von $\lambda_a = 40°$ ein, wenn die Schiffsgeschwindigkeit $V = 10$ kn (rd. 5 m/s) beträgt. Das Flügelsystem erzeugt bei diesem Anströmwinkel noch etwa 0,5 kW/m^2 Vortriebsleistung. Um die erforderliche Gesamtleistung von 2500 kW zum Erreichen der Geschwindigkeit von 10 kn umzusetzen, sind z. B. rd. 1000 m^2 Flügelfläche und 2000 m^2 Luftschraubenkreisfläche nötig, da bei $V_a = 12$ m/s je Quadratmeter Kreisfläche etwa 1,0 kW erzeugt werden. Der Luftschraubendurchmesser von etwa 50 m ist sinnvoll mit zwei Flügeln der Abmessungen von etwa $h = 70$ m und $b = 7$ m zu kombinieren.
Auch die Anordnung mehrerer Flügel-Luftschrauben-Systeme ist denkbar (Bild 104). Die Beeinflussung der Systeme auf dem Gegenwindkurs ist allerdings erheblich, zumal auf diesem Kurs die Flügel unwirksam sind.
Bild 105 zeigt ein Massengutschiff von 120 m Länge und mit etwa 12 000 t Deplacement. Es trägt an sieben etwa 50 m hohen Masten eine Winddruckfläche von insgesamt 5000 m^2. Die Windantriebsanlage ist so konzipiert, daß bereits bei $V_w = 12$ m/s aus einer Richtung von $\lambda_w = 90°$ das Schiff nur mit der Windkraft die Dienstgeschwindigkeit von 15 kn erreicht. Die Fläche selbst besteht aus einem Foliensegeltuch, das in das Mastinnere eingerollt werden kann. Das Prinzip der Anlage entspricht dem des Dyna-Schiffes (s. Abschnitt „Windschiffe von heute").
Der Ring im Bild 101 und das Flügelsystem im Bild 103 haben die vorrangige Aufgabe, das Umströmen der Flügelenden der Luftschraube gering zu halten. Die Wirksamkeit der Flügelsysteme zur Erzeugung einer Vor-

Bild 104. Mehrere Flügel-Luftschrauben-Systeme hintereinander

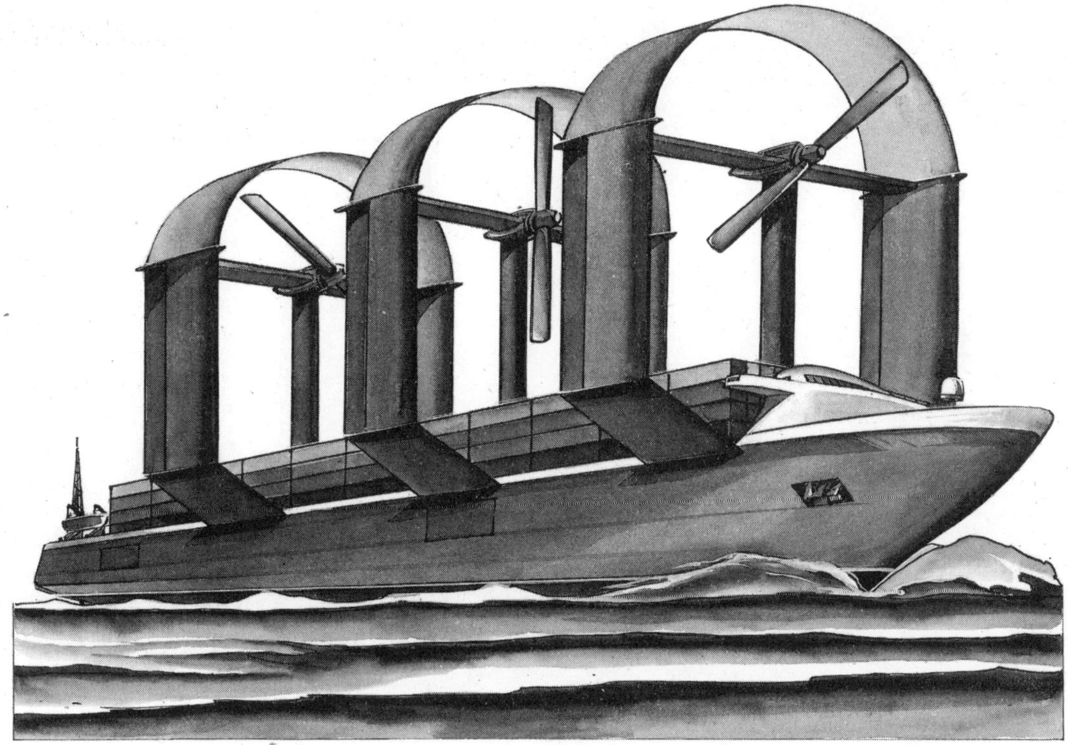

Bild 105. Massengutschiff mit Dyna-Rigg

Bild 106. U-förmiger Ringflügel

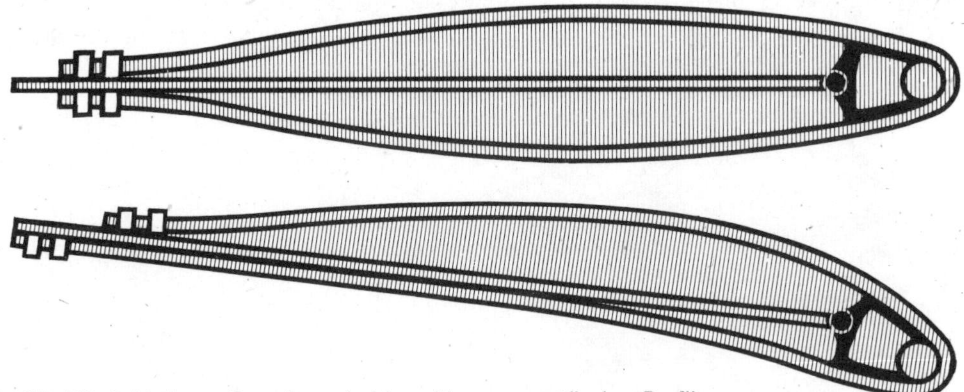

Bild 107. Möglichkeit zur Gestaltung beiderseitig asymmetrischer Profile

triebskraft ist durch die rotierende Luftschraube eingeschränkt.
Bei vertikal stehender Schraube kann auch ein geschlossener Ringflügel noch effektiv zum Vortrieb eingesetzt werden. Besser ist jedoch der im Bild 106 abgebildete *U-förmige Ringflügel*, der auch ohne Luftschraube über eine hohe Wirksamkeit verfügt. In den geraden Teilen hat er schwenkbare Flügelnasen und Flügelklappen. Der gekrümmte Teil trägt ebenfalls zum Vortrieb bei. Der Ringflügel hat mindestens die gleiche Wirksamkeit wie zwei Flügel der gleichen Gesamthöhe. Das rührt daher, daß bei einem Ringflügel ein räumlicher Druckausgleich an den oberen Flügelenden nicht möglich ist. Der dadurch bei einem geraden Flügel erzeugte zusätzliche Widerstand, von den Fachleuten induzierter Widerstand genannt, entfällt daher.
Eine *Kombination mehrerer Ringflügel* hintereinander ergibt ein effektives Windantriebssystem. Die Kombination von Luftschrauben mit U-förmigen Ringflügeln ist sinnvoll, da die Luftschraube ihre höchste Wirksamkeit auf dem Gegenwindkurs hat und bei Windeinfallsrichtungen von achterlicher als querab nicht mehr sehr effektiv arbeitet. Auf dem Vorwindkurs sind allerdings auch die Ringflügel nicht mehr sehr wirkungsvoll, da es hier vorrangig auf große projizierte Flächen ankommt.
Die Ausrüstung von Flügeln mit schwenkbaren Nasen und Klappen ist nicht die einzige Möglichkeit, um symmetrische Flügel nach beiden Seiten wirksam werden zu lassen. Bild 107 zeigt eine in Großbritannien patentierte Lösung, wonach eine Folie über Holme gespannt und mit diesen verbunden ist [41]. Allein durch das Drehen der vorderen vertikalen Versteifung erhalten die Holme und mit ihnen der gesamte Flügel eine dem optimalen Profil sehr nahekommende Form (s. auch Abschnitt „Windnutzung für Sport und Freizeit").

Bild 108. Flügelsystem zur Verminderung des Krängungsmomentes

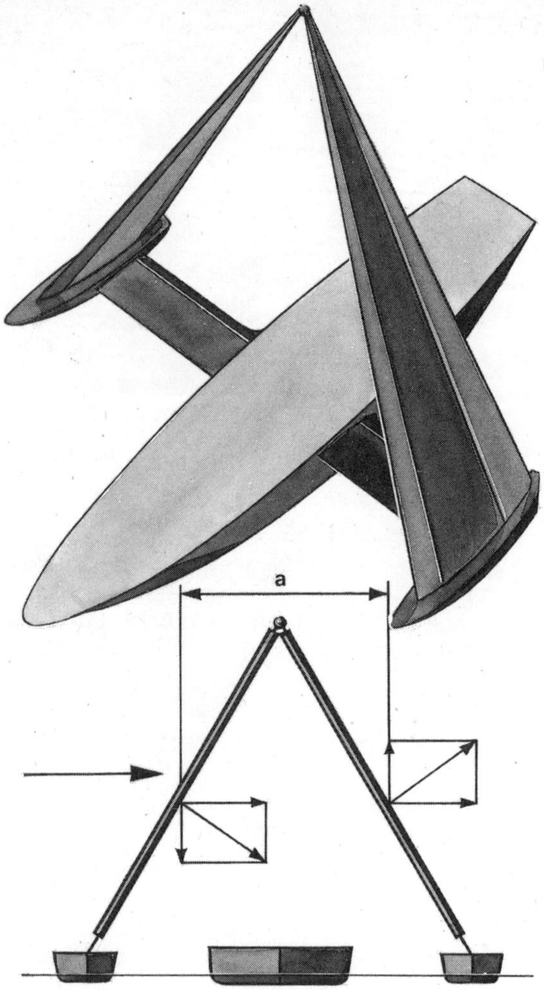

Bild 109. Stark geneigtes Flügelsystem auf einem Trimaran

Bild 110. Tragflügel-Fahrgastschiff mit einem geneigten Flügelsystem

Bild 111. Ladeeinrichtungen mit Winddruckflächen

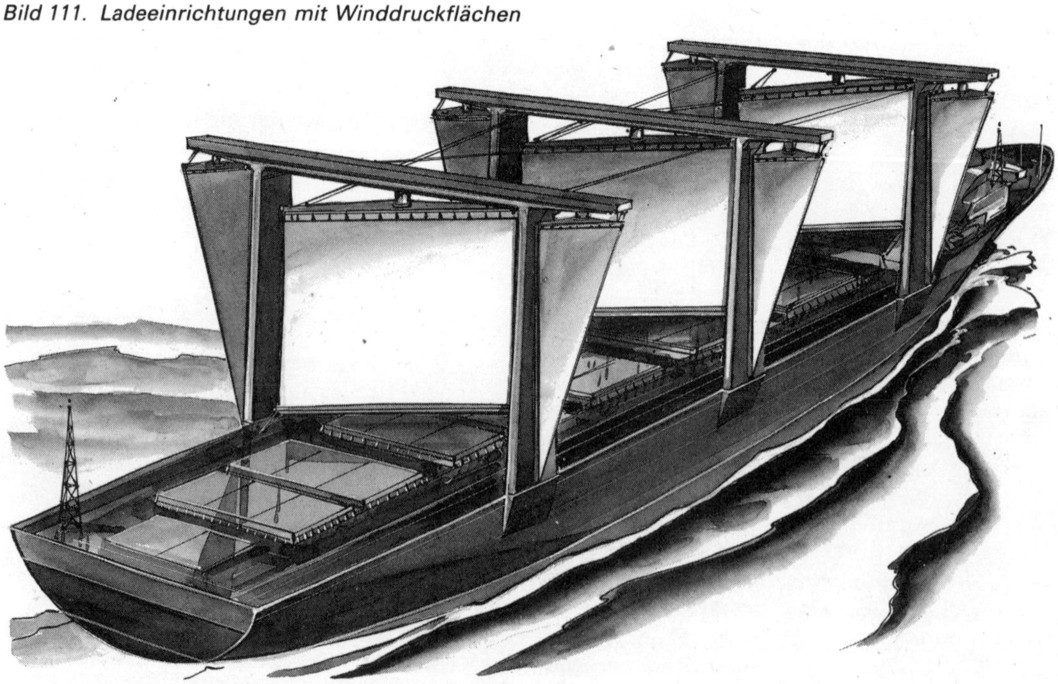

Die Bilder 108 und 109 zeigen zwei Lösungsmöglichkeiten zur Verminderung des bei Einrumpfschiffen lästigen Krängungsmomentes. Aus Bild 108 ist ein Flügelsystem mit drei vertikalen Flügeln mit Flügelklappen zu ersehen, wobei jeder Flügel mit einem um 90° gedrehten weiteren Flügel von gleicher Größe und Aufbau verbunden ist. Der Anstellwinkel und die Klappenstellung der Vertikalflügel werden so gewählt, daß ihre krängende Querkraft durch den Auftrieb an den Horizontalflügeln nahezu kompensiert wird. Fällt der Wind von der anderen Seite des Schiffes ein, muß die gesamte Anlage um 90° bezüglich der Längsachse gedreht werden. Aus den bisherigen Horizontalflügeln werden nun Vertikalflügel, während die bisherigen Vertikalflügel auf dem anderen Bug den Auftrieb erzeugen. Die Krängung des Schiffes wird dadurch ganz erheblich reduziert. Auf dem Vorwindkurs werden alle Flügel quer gestellt, und die Winkel der einzelnen Flügelsysteme um die Längsachse werden so gewählt, daß ohne wesentliche ge-

genseitige Beeinflussung eine große Winddruckfläche entsteht.
Im Bild 90 ist ein gering *nach innen geneigtes Flügelsystem* zu sehen. Wird diese Idee weitergeführt, ergibt sich ein Flügelsystem nach Bild 109. Zwei Flügel sind um 60° nach innen geneigt. Die Drehachsen sind unten auf zwei Auslegerrümpfen, ähnlich denen eines Trimarans, und oben in einem gemeinsamen Drehpunkt angebracht. Die Flügel besitzen Flügelklappen. Die Prinzipskizze der Vorderansicht zeigt die Aufteilung der Querkraftkomponente. Die beiden Vertikalanteile haben ein stabilisierendes Drehmoment mit dem Hebelarm *a*, das dem Krängungsmoment entgegenwirkt. Dieser Effekt wirkt natürlich auch noch bei geringerer Neigung der Flügel nach innen.
Bild 110 zeigt eine Möglichkeit, wie unter Nutzung dieser Erkenntnis ein *Tragflügel-Fahrgastschiff* der prinzipiell bekannten Konzeption mit einem Flügelsystem ausgerüstet werden könnte. Wegen der hohen Geschwindigkeit solcher Gleitfahrzeuge werden sie meistens mit einem sehr kleinen Anströmwinkel λ_a angeströmt. Es kommt daher bei den dort zum Einsatz kommenden Flügeln darauf an, daß sie den Vortrieb bei geringem Widerstand und kleinen Anstellwinkeln erzeugen und bei Windstille bzw. Gegenwindkurs einen extrem niedrigen Widerstand bieten. Positive Nebenwirkungen dürften auch hier durch die Dämpfung der Schiffsbewegungen infolge der Flügelanlage auftreten.
Ein großes Problem bei heutigen Schiffen ist die Einordnung von Windantriebsanlagen in die konventionelle Decksgestaltung. Bei zukünftigen Schiffen kann man davon ausgehen, daß dies prinzipiell anders gelöst sein wird. Die Anordnung von Brücken, Lade- und Löscheinrichtungen, Antennen, Laternen usw. muß den aerodynamischen Verhältnissen an Bord angepaßt sein, wobei die Sichtverhältnisse für den Wachoffizier den Anforderungen des modernen Seeverkehrs entsprechen müssen. In vielen Fällen müssen Windantriebsanlagen so gestaltet werden, daß sie auch andere Aufgaben im Decksbetrieb mitübernehmen können. Es ist kaum vorstellbar, daß es neben hohen Flügeln, Rotoren oder Turbosegeln auch noch Antennen-, Flaggen- und Lichtsignalmasten geben muß. Ebensowenig kann davon ausgegangen werden, daß bei Schiffen der Zukunft ein mit hohem Aufwand gewonnener Vortrieb durch hohe Decksaufbauten mit ihrem großen Windwiderstand wieder zunichte gemacht wird. Windschiffe von morgen werden eine hydrodynamisch und aerodynamisch insgesamt widerstandsgünstig gestaltete Form haben. Auf dem Deck befinden sich nur solche Einrichtungen, die aufgrund ihrer Funktion nicht in den Schiffskörper eingeordnet werden können. Sie sind dann relativ klein und haben eine aerodynamisch günstige Form. Man kann sogar davon ausgehen, daß das gesamte Überwasserschiff, bestehend aus Außenhaut einschließlich Schanzkleides, Decksaufbauten und Deckseinrichtungen, so gestaltet wird, daß es in der Windströmung selbst noch einen Beitrag zum Vortrieb leistet. Und das bei einer Unterwasserform, die bei geringem Widerstand und kleinem Driftwinkel die Querkraft durch den Winddruck ausgleicht. Ob diese Überlegungen dazu führen, daß der Schiffskörper selbst als Profil mit schwenkbarer Nase und Heckklappe gestaltet wird, erscheint doch etwas zweifelhaft. Der Aufwand ist enorm, und der Nutzen hält sich in Grenzen. Zu beachten ist, daß Asymmetrie von Unterwasserschiff und Überwasserschiff in einem solchen Falle gegenläufig sein müßte. Für das Unterwasser- und das Überwasserschiff müßten also getrennte Klappen- und Nasensysteme vorgesehen werden. Dazu zwingen allerdings auch die sehr unterschiedlich dichten Medien Luft und Wasser.
Während Massengut- und Tankschiffe einen weitgehend freien Decksaufbau gestatten, benötigen Fischereifahrzeuge, Stückgut- und Containerschiffe mit Sicherheit auch zukünftig *Ladeeinrichtungen*. Bild 111 zeigt eine Möglichkeit, wie Ladeeinrichtungen mit einer Windantriebsanlage kombiniert werden können. Das Schiff hat drei portalartige Hebezeuge, die oben über die Schiffsbreite hinausragen. In den inneren Jochen hängen oben an den Bäumen aufgerollte Segel, die nach dem Ausrollen nach unten wie Rahsegel wirken. Durch eine Profilierung der Segel unter Nutzung von oberen Bäumen mit größerem Querschnitt in der Mitte wird auch bei kleinen Anströmwinkeln eine effektive Umströmung erreicht. Bei raumen Winden werden von den über das Schiff hinausragenden Portalenden noch weitere dreieckige Segel nach unten ausgerollt. Bis auf den genauen Vorwindkurs, bei dem sich die drei Segeleinrichtungen überdecken, entsteht so eine relativ große Segelfläche.

Bild 112. Dreieck- und Rechtecksegel an Profilmasten

Bild 113. Flügelsystem nach dem Flugzeugflügelprinzip

Nach dieser rahsegelartigen Lösung zeigt Bild 112, daß auch das Schratsegel seine Zukunft hat. Das abgebildete Schiff hat vier hohle und drehbare Profilmasten, in die die Segel eingerollt werden können. Die drei mittleren Segel sind rechteckig und durch den Zuschnitt der Bahnen räumlich profiliert. Sie haben oben und unten Bäume, an denen die Segel gleitend befestigt sind. Die Bäume werden an den jeweils nächsten Masten oben und unten mittels Drahttauwerks befestigt und können so entsprechend dem Windeinfallswinkel eingestellt und auch über die Höhe verdreht werden. Parallel zu diesen Drahtstropps werden über die Baumenden noch Leinen geführt, mit denen das Segel aus dem Mast herausgezogen werden kann. Die Bäume sind vorn gelenkig an den Masten befestigt. Das letzte Segel ist ein Dreiecksegel und kann ebenfalls in den Mast eingerollt werden. Lediglich das vordere Dreiecksegel wird um das Vorstag gerollt. Auch diese beiden Segel sind gleitend an ihren unteren Bäumen befestigt. Durch Einrollen bzw. Aufrollen der Segel kann die Segelfläche den jeweiligen Bedingungen angepaßt werden. Außerdem erfahren die Segel eine schonende Behandlung und haben dadurch eine hohe Lebensdauer. Das Segeltuch ist eine Folie, die beiderseitig mit Tuch kaschiert und damit geschützt ist. Es hat unter Belastung eine nur sehr geringe Dehnungsfähigkeit. Im vollständig eingerollten Zustand verursacht die Takelage durch die drehbaren Profilmasten einen nur geringen Widerstand.

Ein 3000-t-Schiff von 75 m Länge kann an vier 50 m hohen Masten auf diese Weise etwa 3000 m^2 Segelfläche tragen. Diese erzeugen bei $V_w = 10$ m/s bei seitlichem Windeinfall etwa 1650 kW. Bedenkt man, daß das einer Motorenleistung von über 3000 kW entspricht, ist das eine enorme Antriebsleistung, die dem Schiff ohne Nutzung des Propellers eine Geschwindigkeit von etwa 15 kn verleihen kann. Ein solches Fahrzeug könnte in windsicheren Seegebieten mit Windstärken zwischen 3 und 6 Bft. sehr wirtschaftlich arbeiten und wäre auch bei starkem Wind noch beherrschbar. Der Nachteil der Rechtecksegel bei spitzen Windeinfallswinkeln gegenüber Dreiecksegeln wird durch die große Segelfläche und die gute Wirksamkeit bei seitlichem Windeinfall kompensiert. Eine derartige Konzeption, die vorwiegend für den Windantrieb vorgesehen ist, wirft natürlich eine Reihe von Fragen auf. Es bietet sich an, das Fahrzeug nur mit einem Hilfsmotor auszurüsten. Damit könnte zusätzlicher Raum im Schiff gewonnen werden. Bei extrem starkem Wind kann es dann aber nicht mehr alle Kurse fahren und muß unter Umständen ein ungewolltes Ziel anlaufen. Außerdem ist die Beherrschbarkeit der Takelage an die Elektroenergieerzeugung gebunden. Bei deren Ausfall müßte, um eine Katastrophe zu vermeiden, dafür gesorgt werden, daß die Masten seitlich weggeklappt werden können. Ob die Klassifikations- und Versicherungsgesellschaften mit einer solchen Lösung einverstanden wären, ist allerdings recht fraglich. Es bleibt aber der Tatbestand, daß sich diese Konzeption mit vertretbaren Mitteln verwirklichen läßt und daß der erfolgreiche Einsatz mit großer Wahrscheinlichkeit planbar ist.

Bild 113 zeigt noch einmal die Nutzung von *Flügeln mit Schwenkklappen* ähnlich denen eines Flugzeuges. In diesem Fall sind es drei Flügel hintereinander. Diese Anordnung bietet auf dem Gegenwindkurs den Vorteil ei-

Bild 114. Turbinenschiff

Bild 115. Karussellschiff

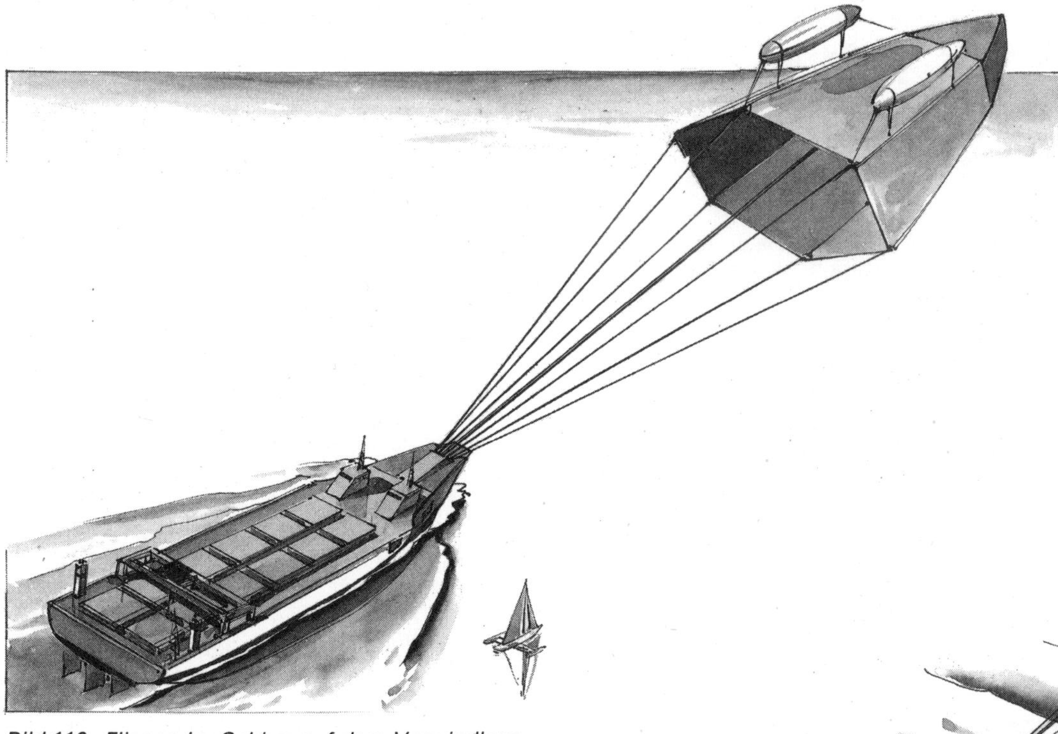

Bild 116. Fliegender Schirm auf dem Vorwindkurs

Bild 117. Schirm direkt über dem Wasser

nes besonders geringen Widerstandes. Bei kleinen Windeinfallswinkeln wirkt sich die gegenseitige Beeinflussung der Flügel positiv aus. Lediglich auf dem Vorwindkurs ist diese Anlage nicht sehr effektiv. Zumindest läßt sich dann aber die Fläche von zwei Flügeln nutzen, wenn sie nach beiden Seiten quer gestellt werden. Wegen der relativ einfachen Bedienung, der guten Automatisierbarkeit, der langen Lebensdauer solcher Flügel und ihrer geringen Masse muß einer derartigen Konzeption eine echte Chance eingeräumt werden.

Luftschraubenschiffe mit horizontalen Drehachsen sind bereits ausführlich erörtert worden (s. Bilder 101 bis 104).

Es ist auch eine ganze Reihe von *Flügelradschiffen mit vertikalen Flügelraddrehachsen* denkbar, da mit Karussell- oder turbinenartigen Rädern ebenfalls Drehleistung zum Propellerantrieb gewonnen werden kann. Das Gemeinsame solcher Windräder ist eine Asymmetrie bezüglich ihrer Durchmesser. Denkbar sind Turbinen, deren eine Hälfte mit einer aerodynamisch günstigen Verkleidung abgedeckt ist (Bild 114), oder an den spinnenartigen Armen angebrachte gekrümmte Schaufeln, die in vertikaler Richtung gerade oder krummlinig sein können. Bild 115 zeigt ein solches Karussellschiff. Durch die Schaufelkrümmung und ihren Anstellwinkel zur Kreisbahn wird ein antreibendes Drehmoment erzeugt, das größer als das bremsende ist. Einige Leser haben vielleicht schon einmal ein Schalenkreuzanemometer, ein Meßgerät zum Messen der Wind-

geschwindigkeit, gesehen. Dort kommt dieses Prinzip ebenfalls zur Anwendung. Die halbkugelförmigen Schalen bieten auf ihrer offenen Seite einen größeren Windwiderstand als auf ihrer geschlossenen. Dadurch dreht sich das Schalenkreuz in Richtung der geschlossenen Seiten.
Wie schon im Abschnitt „Windantriebsanlagen auf Schiffen" angedeutet, läßt sich die Effektivität der Windräder verbessern, wenn die einzelnen Schaufeln im Lauf einer Umdrehung so gesteuert werden, daß sie immer einen möglichst großen Kraftanteil in Umfangsrichtung beisteuern. Solche Steuerungen sind jedoch kompliziert und aufwendig. Schließlich kann durch Neigung der Schaufeln, wie im Bild 115 angedeutet, eine optimale Anpassung an die herrschende Windgeschwindigkeit vorgenommen werden. In der vertikalen Stellung wird der größte Beitrag zur Drehung geleistet; in der horizontalen Stellung sind die Schaufeln wirkungslos. Die Aerodynamik derartiger Windräder ist noch wenig entwickelt. Daher kann über die Flächen, Formen, Anzahl und Anordnung der Schaufeln sowie über die Größe und Wirksamkeit der Räder nichts ausgesagt werden. Es scheint aber klar zu sein, daß ein Fahren gegen den Wind nur unter idealen Umständen möglich ist und daß die Luftschraube mit horizontaler Drehachse gegenüber den Windrädern mit vertikaler Drehachse einige Vorteile hat. Entscheiden können das aber erst Experimente.
Windräder mit horizontalen oder vertikalen Drehachsen haben gemeinsam, daß sie auch bei Windstille zum Schiffsantrieb genutzt werden könnten. Die Flügel oder Schaufeln müßten dazu so verstellt werden, daß die nun durch an Bord erzeugte Elektroenergie angetriebenen Räder einen Schub erzeugen. Durch ihre großen Abmessungen muß das möglich sein. Dadurch entstehen variable Schiffe, bei denen der Windantrieb, der Propellerantrieb und der Luftpropellerantrieb kombiniert eingesetzt werden können. Ein energieoptimaler Betrieb ist dabei allerdings nur selten möglich, da für die meisten Fälle ein hochwirksamer Propeller im Wasser durch Luftschrauben nicht zu ersetzen ist.

Nahezu alle bisher beschriebenen windgetriebenen Schiffe haben den großen Nachteil, daß ihre Windantriebsanlagen auf dem Vorwindkurs stark an Effektivität verlieren. Das ist objektiv dadurch bedingt, daß der relative Wind die Differenz zwischen wahrem Wind und Fahrtwind ist und daß außerdem von der teilweise großen Luftgesamtkraft nur die Widerstandskomponente für den Vortrieb genutzt werden kann. Für Flettner-Rotoren, Turbozylinder und ähnliche Konzeptionen mit großen Kraftbeiwerten quer zur Anströmung sowie für Windräder bedeutet das eine stark verminderte Wirksamkeit.
Im Yachtsport nutzt man seit langem die einzig mögliche Lösung: Mittels ballon- oder schirmähnlicher Flächengebilde (Spinnaker) werden gewaltige Winddruckflächen installiert, die im Winkelbereich von $\pm$ 45° zum achterlichen Windeinfall wirksam sind und oft den fünffachen Wert der normalen Segelfläche erreichen. Warum soll dieses Prinzip nicht auch für Frachtschiffe anwendbar sein? Denkbar sind *Winddruckflächen*, die wie fliegende Drachen in einer Höhe von 100 m und mehr vor dem Schiff fliegen und mittels einer Steuereinrichtung ähnlich der eines Fallschirmes in ihrer Höhe und ihrem Winkel zum Kurs eingestellt werden (Bild 116). Aber auch Flächen, die mit ihrer Unterkante mittels leichter Schwimmkörper Berührung mit der Wasseroberfläche haben, sind vorstellbar (Bild 117). Wegen der Sichtbehinderung müßten sie aus Klarsichtfolie hergestellt sein.
Das Ausbringen und Bergen solcher Flächengebilde sind sicher nicht einfach. Die Nutzung kommt sowieso nur auf dem offenen Meer in weniger stark befahrenen Gebieten in Betracht. Aber einige Vorteile sind unumstritten. Das Stabilitätsproblem wird nicht berührt, da der Angriffspunkt der Luftkraft weit unten gewählt werden kann. Auch werden die Decksgestaltung und der Decksbetrieb nur gering beeinflußt. Das Schiff im Bild 116 erhielt eine trompetenartige Öffnung im vorderen Schanzkleidbereich, in die mittels der in der Mitte des Schirmes angreifenden Fangleine die gesamte textile oder folienartige Fläche in einen schlauchartigen Behälter auf dem Deck hineingezogen werden kann. Die Halte- und Steuerleinen legen sich um das Vorschiff und stören nicht. Das Ausbringen geschieht mittels einer weiteren Leine, die über eine Rolle an einem kleinen Mast auf dem Vorschiff läuft. Dadurch wird ein Teil der Fläche dem Winddruck ausgesetzt. Den Rest besorgt der Wind allein. Er trägt das gesamte Gebilde unter Aufblähen in die gewünschte Position.
Ein Beispiel soll die Wirksamkeit belegen. Die ovale Öffnung eines fliegenden Schirmes soll eine Weite von rd. 100 m und eine projizierte Fläche von rd. 5000 m² haben. Mit einem Widerstandsbeiwert von $C_W = 1{,}2$ ergibt sich bei $V_w = 15$ m/s und $V = 5$ m/s (rd. 10 kn) eine Zugkraft von 367,5 kN. Das entspricht einer Antriebsleistung von 1838 kW. Dazu wären fast 4000 kW Motorenleistung nötig. Zwar ist die Herstellung des Schirmes aus über 10 000 m² Gewebe oder Folie nicht gerade billig, trotzdem dürfte sich der Aufwand lohnen. Schließlich bedeuten eine durchschnittliche Treibstoffeinsparung von 10 % bei einem 10 000-t-Schiff jährlich etwa 200 t. Wenn davon die Hälfte mit Hilfe des fliegenden Schirmes erreicht würde, dürften die eingesparten Kosten in der Größenordnung der Herstellungskosten für den Schirm liegen. Bei einer Lebensdauer des Schirmes von drei Jahren wäre das Verfahren somit rentabel.
Mit diesen Ausführungen soll die Beschreibung möglicher Windschiffe von morgen abgeschlossen werden. Vollständig ist sie nicht. Einige Prinzipien, die sich bereits heute bewähren, wurden gedanklich nicht weiter ausgebaut. So wurde die Erhöhung der Wirksamkeit des Flügelprinzips durch Ausblasen oder Absaugen von oberflächennahen Luftmassen, z. B. gegenwärtig beim Turbozylinder von *Cousteau* genutzt, nicht gesondert aufgeführt. Auch die Anordnung von mehr als zwei Flügeln nebeneinander wurde nicht erörtert. Viele der geschilderten Möglichkeiten sind in ihrer Wirksamkeit ebenbürtig, und die Nebenbedingungen müssen entscheiden, welche Methode sich durchsetzt.
Generell wurde davon ausgegangen, daß alle Windschiffe der Zukunft auch noch einen weiteren Antrieb besitzen, mit dem sie bei ungünstigen Windbedingungen autonom sind. Andere Konzeptionen sind zwar schwer vorstellbar, aber natürlich nicht ausgeschlossen. Ein vom Antriebssystem und von der Raumaufteilung sehr effektiv gestaltetes reines Windschiff mit geringem Energieaufwand für Hilfsmaschinen, Bord- und Schiffsführungsbetrieb kann rentabel arbeiten. Dazu müßte es von leistungsfähigen Schleppern zum Startplatz auf dem offenen Meer gebracht und von einem solchen Platz in der Nähe des Zielhafens eingeschleppt werden. Dann würde aber die Unsicherheit in der Ankunftszeit bleiben. Ob das zu akzeptieren wäre, bleibt fraglich.

Windnutzung für Sport und Freizeit

Das Segeln ist aus Sport und Freizeit heute nicht mehr wegzudenken. Im Gegensatz zur kommerziellen Segelschiffahrt verlief die Entwicklung bis zum modernen Segelsport kontinuierlich, und der enorme Erkenntniszuwachs dieses Jahrhunderts in der Aero- und Hydrodynamik konnte voll genutzt werden.
Bild 118 zeigt ein ehemaliges Fischereiboot, ein Zeesenboot. Diese Boote sind in der DDR weitgehend im Originalzustand erhalten geblieben und werden heute zur Freizeitgestaltung verwendet. Durch das Gaffelgroßsegel mit dem darüber angebrachten Gaffeltoppsegel, die Fock, den großen Klüver und das achtere Besansegel kann das rd. 11 m lange Boot über 90 m^2 Segelfläche tragen. Das ist allerdings nur bis zur Windstärke 5 Bft. (rd. 10 m/s) möglich. Bei 20 m/s reichen dann erfahrungsgemäß die Fock und das auf die halbe Segelfläche gereffte Großsegel aus, um das Boot sicher zu beherrschen. Anstelle des früher verwendeten Baumwolltuches wird heute oft das dehnungsarme und wasserresistente Polyestersegeltuch eingesetzt. Die Mehrzahl der Bootseigner ist aber noch im Besitz der Originalsegel. Der bei einem Zeesenboot anzutreffende technische Stand entspricht etwa dem des erfolgreichen Gaffelschoners „America" und ist somit weit über 100 Jahre alt. Aus der Erfahrung wußte man wohl über die Wirkung verschiedener Wölbungstiefen und Wölbungscharakteristiken der Segel, doch war über deren optimalen Schnitt nichts bekannt (s. auch Abschnitt „Windantriebsanlagen auf Schiffen").
Es ergibt sich aus dem Wesen des Regattakurses in einem begrenzten Seegebiet, daß die Kreuzkurse dort eine wesentlich größere Bedeutung haben als in der Berufssegelschiffahrt. Da auch der Start und der Zieldurchgang Kreuzkurse sein sollen, sind etwa 50 % der direkten und über 60 % der tatsächlich zurückgelegten Wegstrecken Amwindkurse. Das hat die modernen Yachten geprägt.
Moderne Einrumpfrennyachten fahren heute dreieckige Großsegel, sogenannte Bermudasegel, und eine ganze Kollektion hervorragend profilierter Vorsegel, die je nach Wind und Seegang gewechselt werden. Dagegen wird das Großsegel nur bei extrem starkem Wind gegen ein Sturmsegel getauscht. Ansonsten besteht die Möglichkeit, es durch Reffen von unten zu verkleinern. Auf Raumschots- und Vorwindkursen werden zusätzlich ballonartige Vorsegel wie Spinnaker und Leesegel gesetzt, in denen mittels extrem leichter Tuche aus Polyamidseide große Flächen untergebracht sind.
Die sehr dehnungsarmen Segeltuche aus Polyester werden im Hochseerennsport mehr und mehr durch noch steifere armierte Polyesterfolien ersetzt. Als Fasern für die Kaschierung werden sehr leichte und kaum dehnbare Aramid- oder Kohlefasern verwendet. Entsprechend der unterschiedlichen Flächenbelastung der Segel werden diese Folien in verschiedenen Dicken oder in mehreren Lagen verwendet. Dadurch sehen diese modernen Segel in ihrer Grundstruktur und ihrer Farbgestaltung oft recht eigentümlich aus. Die sternförmig gestalteten Krafteinleitungsstellen gehen in Gebiete über, in denen die Tuchlagen dem Verlauf der inneren Kräfte angepaßt sind. Oft sind auch armierte Folien mit Segeltuchen kombiniert, da z. B. im Bereich hinter dem Mast Tuche gefragt sind, die eine gewisse Diagonaldehnung gestatten. Diese Eigenschaft haben Folien nicht.
Wegen der geringen Dehnungsfähigkeit der Folien werden an den Zuschnitt der Bahnen besondere Genauigkeitsforderungen gestellt. Um eine aerodynamisch günstige, auch unter Belastung homogen geformte gekrümmte Segelfläche ohne Falten und Beulen zu erhalten, ist nach einer mathematisch aufwendigen Prozedur ein computergesteuerter Zuschnitt der einzelnen Segelbahnen erforderlich. Da auch die räumliche Segelform das Ergebnis aufwendiger physikalisch-mathematischer Prozesse und Experimente im Windkanal ist, können die Segel einer modernen Hochseerennyacht als Wunderwerke der Aerodynamik bezeichnet werden. Sie verleihen den Schiffen auf einem Kurs mit 35° zum Wind eine hohe Geschwindigkeit. Davon konnten die Segelschiffskapitäne der vergangenen Zeiten nur träumen. Das Kreuzen in engen Fahrwassern ist für diese Yachten kein Problem mehr.
Leider ist ihre Fahrtgeschwindigkeit durch ihre relativ kleine Länge begrenzt. Solange diese Yachten nämlich als *Verdrängungsschiffe* laufen, und das tun sie schon aus Sicherheitsgründen fast alle, kommen sie über ein bestimmtes Verhältnis der Geschwindigkeit zur Wurzel aus der Wasserlinienlänge nicht hinaus. Das hängt mit dem selbst verursachten Wellenbild der Boote zusammen. Beim Erreichen einer Grenzgeschwindigkeit nimmt der hydrodynamische Fahrwiderstand derartig zu, daß eine weitere Geschwindigkeitserhöhung nicht möglich ist. Bei den modernen Hochseerennyachten liegt dieser Wert bei etwa 3, wenn die Fahrgeschwindigkeit in Knoten (Seemeile je Stunde) und die Wasserlinienlänge in Metern angegeben werden. Eine 25 m lange Yacht der Maxi-Klasse (Bild 119) kann also höchstens 15 kn laufen. Aus diesem Fakt resultiert das Bestreben, leistungsfähige Segelyachten der Verdrängungskategorie möglichst lang zu bauen. Die Großsegler der Jahrhundertwende haben den genannten Verhältniswert mit ihrer enormen Länge natürlich nie erreicht.
Für die heute ausgetragenen Hochseerennen existieren ausgeklügelte Formelsysteme, um Rennyachten verschiedener Größe und Grundkonzeption mit Zeitverrechnung gegeneinander segeln lassen zu können. Diese Formeln begrenzen die Abmessungen und sorgen dafür, daß gegenwärtig Yachten von 10 bis 12 m Länge bei Regatten die größten Siegeschancen nach Auswertung einer korrigierten Zeit haben. Das ist sicher ein vernünftiges Verfahren, um nicht nur den Geldbeutel über den Sieg entscheiden zu lassen. Teuer genug ist das Ganze immer noch.
In den Rümpfen dieser Rennboote sowie in ihren Kielen und Rudern sind ebenfalls die modernsten Erkenntnisse der Hydrodynamik angewendet. Allein der Entwicklung des Flügelkiels der „Australia II", die 1983 die erste nichtamerikanische Gewinnerin des America's Cup überhaupt wurde, waren zweijährige Versuche in einem Schleppkanal vorausgegangen. Dazu wäre zu sagen, daß sich seit dem Sieg des amerikanischen Gaffelschoners „America" im Jahre 1851 gegen starke englische Konkurrenz die America's-Cup-Regatten immer mehr zu nationalen Prestigedemonstrationen entwickelten. Der Einsatz an Menschen, Material und Kosten ist so groß, daß die Regattavorbereitung zur wichtigsten Quelle des wissenschaftlich-technischen Fortschritts im Yachtsegelsport wurde.
Auch beim Entwurf der Rümpfe moderner

Bild 118. Zeesenboot

Bild 119. Moderne Einrumpf-Hochseeyacht der Maxi-Klasse

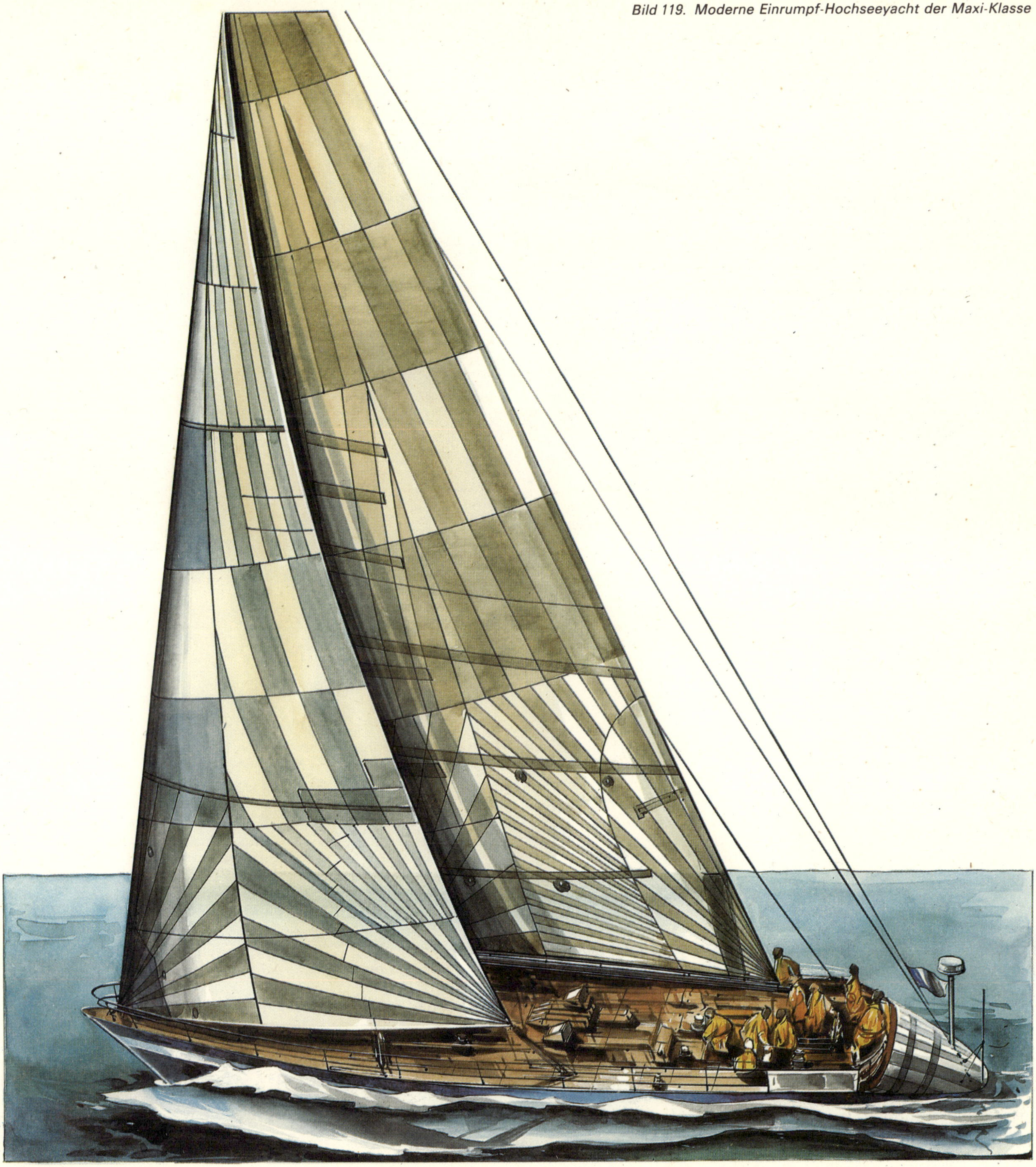

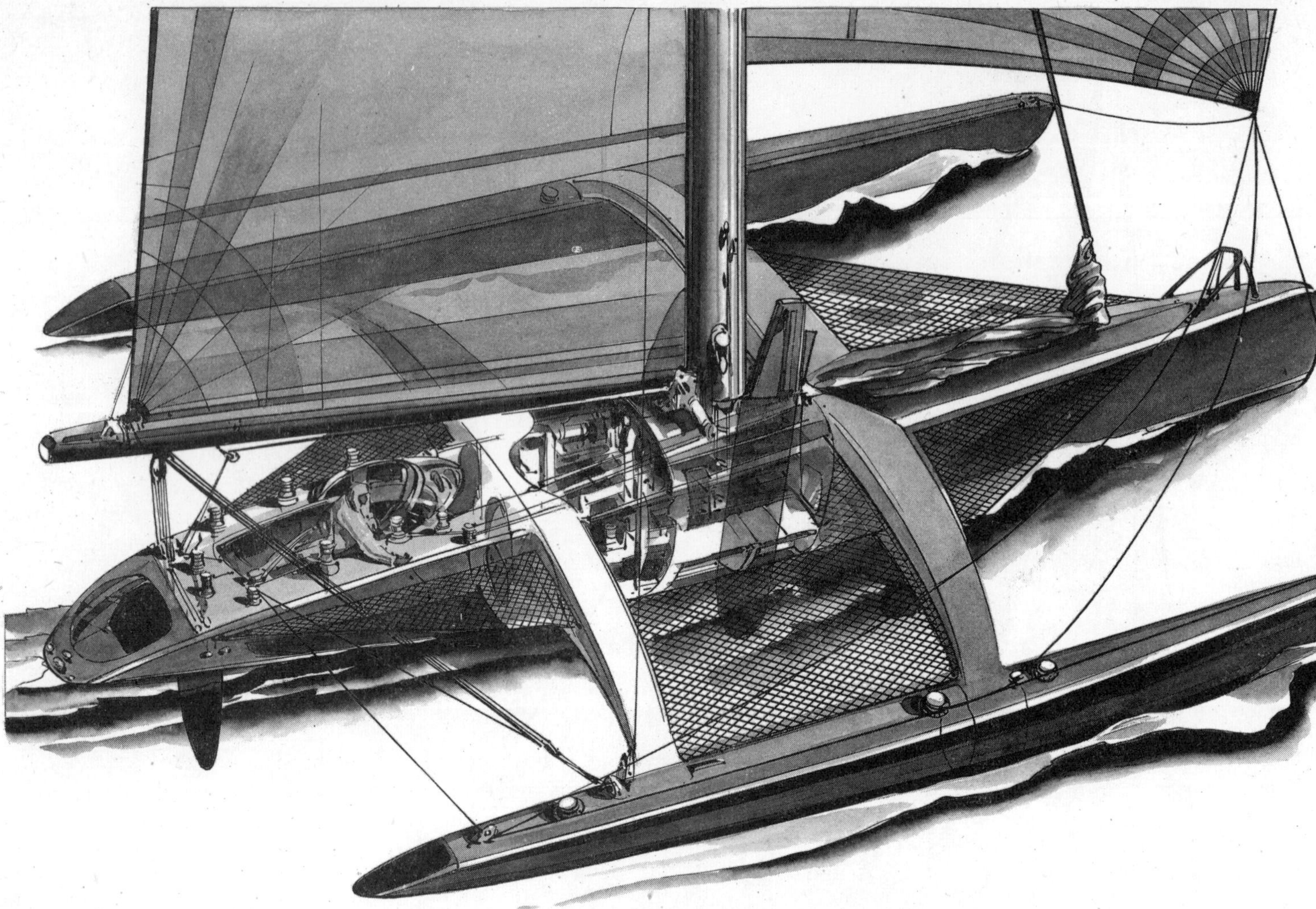

Bild 120. Trimaran „apricot"

Yachten hat heute die Computertechnik mit ihren Grafikprogrammen Eingang gefunden. Die Yachten sind extrem leicht, steif und fest gebaut. Die Außenhaut besteht meistens aus Kunstharzen, die mit Glas-, Aramid- oder Kohlefasern verstärkt sind. Dabei wird großer Wert auf die jeweilige belastungsgerechte Lage der Faser gelegt. Auch Rümpfe aus hochlegiertem Aluminium haben sich bewährt. Um das gesamte Boot steif zu bekommen, wird es innen durch ein Rahmensystem aus Aluminiumrohren verstärkt. Das Bootsinnere ähnelt einem Hochspannungsmast.

Die Masten der Boote sind zunehmend aus Kohlefaserlaminaten hergestellt und aerodynamisch günstig profiliert. Das Drahttauwerk für Wanten, Stagen und Fallen ist aus sehr dünnem, hochfestem und nichtrostendem Stahl hergestellt. Ansonsten wird für das Tauwerk die Aramidfaser im Innern und ein Mantel aus Polyestergeflecht verwendet. Die Yachten sind mit modernsten Beschlägen, Winden, Klemmen und Blöcken ausgerüstet, die den Handbetrieb wesentlich erleichtern. Die Sicherheit wird durch modernste Navigationsinstrumente gewährleistet, die alle auf der Basis der Mikrocomputertechnik funktionieren. Für einige kraftaufwendige Funktionen werden hydraulische Anlagen verwendet. Wie aus Bild 119 ersichtlich, ist der Decksbereich ohne Aufbauten geschlossen und funktionell gestaltet.

Man könnte der Meinung sein, diese Rennyachten seien nicht mehr entwicklungsfähig. Da bisher aber immer besser ausgeklügelte Prinzipien angewendet wurden, muß davon ausgegangen werden, daß auch hier die Entwicklung weiter fortschreitet.

Eine grundsätzlich andere Konzeption ist die der *Gleitboote*. Diese haben bei geringen Windstärken wegen ihrer Form und ihrer größeren benetzten Unterwasserfläche gegenüber den Verdrängungsbooten Nachteile hinzunehmen, unterliegen aber nicht der genannten Geschwindigkeitsgrenze. Mit zunehmender Vortriebskraft aus den Segeln reißt die Wasserströmung am Achterschiff ab, und die Gleitfahrt beginnt. Für Gleitboote bis 20 m Länge kann von einem maximalen Verhältnis der Geschwindigkeit zur Wurzel der Wasserlinienlänge von 7,2 ausgegangen werden [12]. Damit müßte ein 20 m langes Gleitboot die enorme Geschwindigkeit von 31,8 kn (59 km/h) erreichen können.

Da Einrumpfboote durch die Krängungskraft der Kentergefahr ausgesetzt sind, werden *Katamarane* und *Trimarane* gebaut. Auch diese sind zwar nicht ganz gegen das Umschlagen gefeit, dazu müssen aber schon extreme Wetterverhältnisse herrschen und grundlegende Fehler in der Bootsführung gemacht werden. Trotzdem veranlaßte dieser Umstand den Weltsegelverband zu der bezeichnenden Festlegung, daß bei einer Regatta dieser Rennmaschinen für je 15 Teilnehmer ein Rettungsfahrzeug zur Verfügung stehen muß. Offensichtlich sind Geschwindigkeit und Seetüchtigkeit nicht miteinander vereinbar. Es scheint, als müsse man mit diesem Risiko für die Geschwindigkeit zahlen.

Bild 120 gibt einen Einblick in den Rumpf des Trimarans „apricot", Supertrimaran des Jahres 1985. Da er ein Beispiel für den erreichten technischen Stand ist, soll er kurz beschrieben werden. Er besteht aus einem Mittelrumpf von 18,3 m Länge und 2 m Breite. Mittels einer Traverse sind die wesentlich kleineren Ausleger mit dem Rumpf verbunden. Die Gesamtbreite beträgt 12,8 m. An dem tragflügelähnlichen Mast von 24 m Höhe kann ein Großsegel aus Segeltuch/Kevlarfolie mit durchgehenden Latten gesetzt werden. Die Gesamtfläche von Großsegel und Mast beträgt 136,8 m^2. Das Großsegel ist von unten reffbar. Ferner können Vorsegel von 23 bis 83 m^2 gesetzt werden. Der größte Spinnaker für Raumschotskurse beträgt 267 m^2 (Vorwindkurse werden mit einem Trimaran gemieden, es wird versucht, vor dem Wind zu kreuzen.).

Mit dem Tragflächenmast allein können bei Starkwind aus raumer Richtung 7 kn erreicht werden. Der Mast besteht aus einem Kohlefaser-Kevlarfaser-Epoxidharz-Laminat und wiegt 400 kg. Die Gesamtmasse des Trimarans beträgt 5,0 t. Wie bei allen Gleitbooten wurde mit jedem Gramm gespart. Das ist eine der unabdingbaren Voraussetzungen für eine hohe Leistungsfähigkeit. Das Steuermannscockpit sowie das Deck des Mittelrumpfes bieten nicht mehr Platz als in einem schmalen Kielboot. Der Rumpf ist aus einem lastliniengerechten Glasfaser-Kohlefaser-Kevlarfaser-Epoxidharz-Laminat hergestellt und mit Balsaholz bzw. Schaumstoffkernen versteift. Das ist die derzeitig modernste Technologie, um extrem leichte und steife Körper herzustellen. Sie wird in der Luftfahrt zur Herstellung von Überschallflugzeugen verwendet. Die Ausrüstung der Pantry und des Navigationsplatzes ist spartanisch. Kojen gibt es gar nicht, nur zwei gepolsterte Bänke im Vorschiff. Bezeichnend ist, daß die Besatzung bei Regatten aus Gewichtsgründen nur zwei 10-Liter-Kanister Frischwasser mitführte, und das bei Regatten, in denen Tagesabschnitte von 600 sm zu absolvieren waren. Das aufholbare Mittelschwert besteht im Kern aus Balsaholz und ist mit einem lastliniengerechten Glasfaser-Epoxidharz-Laminat mit Kevlarfaserstreifen überzogen.

Bei geringem Seegang erreicht das Fahrzeug schon bei einem raumen Wind von 10 m/s (Windstärke 5 Bft.) die hohe Geschwindigkeit von 17 kn. Dabei gibt es keine rauschende Bugwelle, keine steile Hecksee und keine Vibrationen im Rumpf. Es fährt wie auf Schienen und hinterläßt kaum Spuren in der See. Ab Windstärke 6 Bft. kann der Luvschwimmer austauchen, und die Segelfläche muß reduziert werden. Auf dem Amwindkurs (Kurswinkel zum wahren Wind etwa 50°) werden im mäßigen bis groben Seegang immer noch 14 bis 16 kn erreicht. Bei Windstärke 9 Bft. sind auch in grober See 22 kn möglich. Dabei stürzt das Boot mit großer Wucht in die Wellen. Die Traversen

Bild 121. „Vendredi 13" – eine extreme Segelmaschine

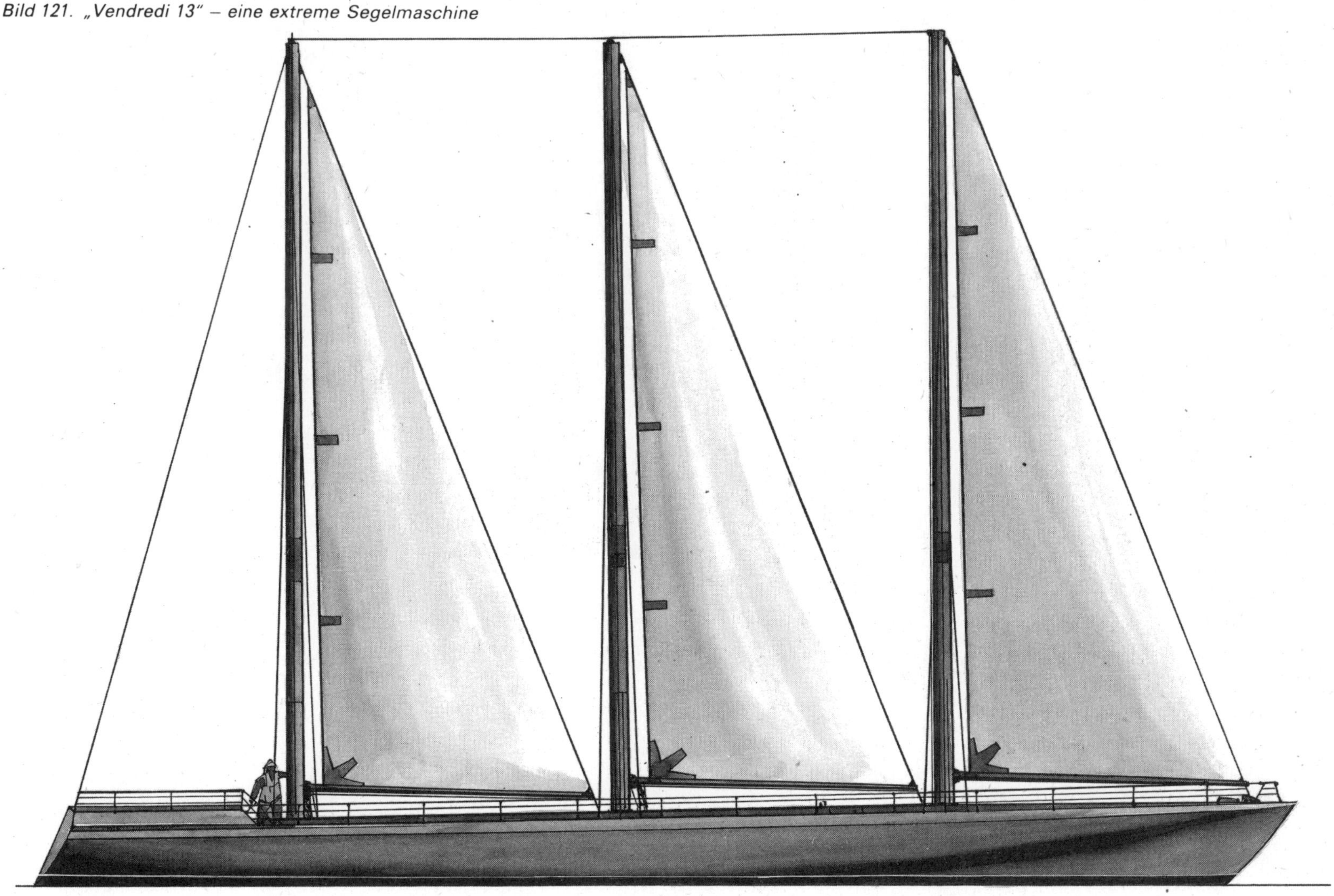

zwischen Rumpf und Auslegern werden extrem beansprucht. Das war jahrelang die Schwachstelle der Trimarane. Offensichtlich wird das Problem aber nun beherrscht. In Gebieten mit ablandigem Wind, also geringem Seegang, müßten 25 kn möglich sein.

Der Hauptaufenthaltsort für die Besatzung ist das Trampolinnetz zwischen Rumpf und Auslegern. Lediglich bei den Einrichtungen zum Bedienen der Segel, wie Dreigangswinden, sonstigen Beschlägen und dem Tauwerk, wurde nicht gespart.

Eine derartige Rennmaschine ist tatsächlich nur für kurze Regatten und für Geschwindigkeitsrekorde zu nutzen. Alle anderen Aufgaben und Nebenwirkungen des Segelns fallen aus dem Konzept. Die ganze Konzentration der Besatzung wird für die Beherrschung dieses hochgezüchteten Segelgerätes benötigt.

Es hat noch extremere Versuche gegeben, um unter Ausnutzung der Grunderkenntnisse über die Leistungsfähigkeit von Segelbooten Höchstleistungen zu erzielen. Bild 121 zeigt ein Einrumpfboot mit der riesigen Länge von 39 m aus dem Jahre 1972, also der Zeit, in der noch nicht klar war, ob Einhand-Transatlantikregatten mit einem Einrumpf- oder einem Mehrrumpfboot leichter zu gewinnen wären. Die „Vendredi 13", eine französische Yacht der Verdrängungskategorie, hatte tatsächlich gute Chancen gegenüber den Katamaranen und Trimaranen. Das war insbesondere der großen Wasserlinienlänge zuzuschreiben, die dem Boot ein Geschwindigkeitspotential von über 18 kn verlieh. Durch die dreieckigen, fockartigen Stagsegel an Bäumen besaß es außerdem noch eine sehr effektive und auch von einer Person gut zu bedienende Segeleinrichtung. Bei einer Breite von 5,64 m und einem Deplacement von 35,6 t konnten 258 m² Segelfläche gesetzt werden. Die Segel wurden durch Rollen um die Bäume gerefft. Es ist zu erkennen, daß die „Vendredi 13" im Vergleich zum Trimaran „apricot" erheblich untertakelt ist. Das gab bei leichten Winden auch den Ausschlag für ihre dann geringere Leistungsfähigkeit. Heute weiß man, daß die „Vendredi 13" ein faszinierendes Experiment in die falsche Richtung war. Es gibt keinen Zweifel mehr daran, daß Katamarane mit einer Länge von 15 bis 20 m und insbesondere Trimarane nicht mehr von Einrumpfbooten zu schlagen sind.

Zu dieser Erkenntnis hat auch ein noch größeres Einrumpfboot für einen Mann, die „Club Méditerranée" (Bild 122), beigetragen. Dieses Monster mit über 72 m Länge konnte bei einer Breite von 9,6 m und einem Depla-

Bild 122. „Club Méditerranée"

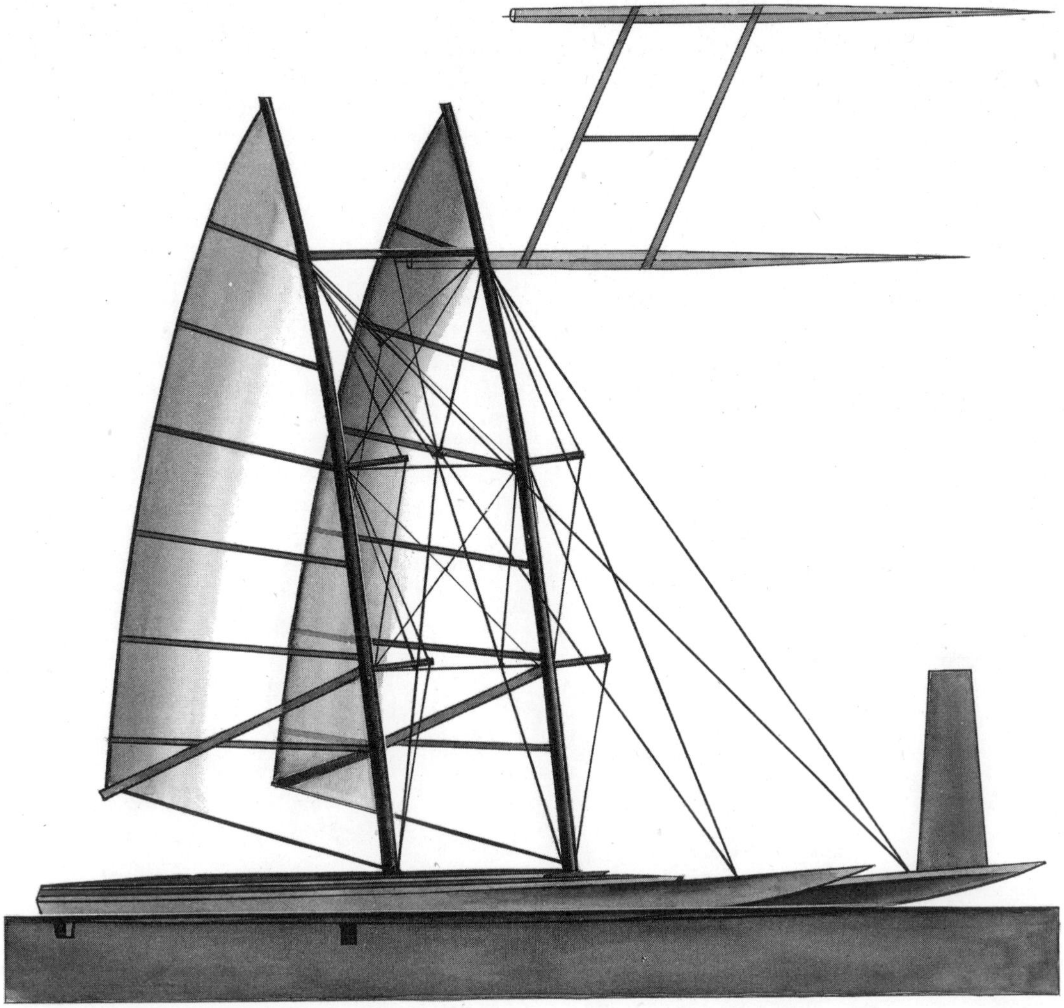

Bild 123. Weltrekordschiff „Crossbow II"

cement von 254 t etwa 1000 m^2 Segelfäche tragen, aufgeteilt auf vier Langlattensegel an vier Masten und vier Stagsegel. Obwohl mit diesem Schiff eine geschätzte Höchstgeschwindigkeit von 22 kn hätte erreicht werden können, war es in den Regatten des Jahres 1976 auch nicht annähernd in der Lage, mit den sich schnell entwickelnden Mehrrumpfbooten erfolgreich zu konkurrieren.

Es ist von allgemeinem Interesse, zu wissen, wie schnell ein nur vom Wind getriebenes Fahrzeug überhaupt sein kann. Wenn für das betreffende Segelboot keinerlei Auflagen erteilt werden, entstehen dabei auch Segelgeräte, die für nichts anderes als für den Zweck des Rekordes konstruiert und gebaut werden. Ein Vertreter dieser Kategorie ist der Katamaran „Crossbow II" (Bild 123). Das Boot hat zwei gestaffelt angeordnete Rümpfe von je 18,7 m Länge, zwei Masten und wiegt rd. 2 t. Es kann seine Höchstgeschwindigkeit nur mittels einer Segelstellung auf Backbordbug erreichen. Der Wind muß dann von der Steuerbordseite wehen. Das Leerigg befindet sich vor dem Luvrigg.

Bild 124. Hochgeschwindigkeitssurfbrett

Das hat Vorteile bezüglich der Beeinflussung der beiden Segel und verringert das Krängungsmoment. Die Rümpfe sind nur etwa 0,6 m breit. Die beiden Langlattensegel, die mittels der vom Brettsegeln her bekannten Gabelbäume vorgespannt und bedient werden können, haben zusammen eine Fläche von 130 m^2. Zur kursstabilisierenden Wirkung bei hohen Geschwindigkeiten befindet sich vorn auf dem Leeschwimmer ein Tragflügel, der die Wirkung eines kleinen Ruders am Luvschwimmer unterstützen soll. Das Boot erreichte 1976 auf einem 500 m langen Kurs östlich von Weymouth, Großbritannien, bei ablandigem starkem Wind und ruhiger See die Durchschnittsgeschwindigkeit von 31,8 kn. 1977 wurden auf dem gleichen Kurs 33 kn und 1980 36 kn gemessen. Das war bis 1986 die höchste von einem Segelfahrzeug erreichte Geschwindigkeit.

Ab 1985 entwickelten sich die *Surfbretter* zu einer ernsten Konkurrenz. 1986 wurde auf einem Kurs im Seegebiet von Fuerteventura von *Pascal Maka* mit 71,97 km/h ein neuer Weltrekord aufgestellt. Dazu folgen jedoch später noch einige Bemerkungen.

Experimente sind auch mit *Tragflügelsegelbooten* durchgeführt worden, die vielversprechend verlaufen sind und weitere Geschwindigkeitsrekorde erwarten lassen. Die Erfahrungen besagen, daß ein Tragflügelboot fährt, wenn das Verhältnis der Vortriebskraft zum Bootsgewicht den Wert von etwa 0,13 erreicht [12]. Allerdings gehört zum Herausheben auch eine bestimmte Geschwindigkeit, die das Fahrzeug erst einmal erreichen muß. Es hat sich gezeigt, daß dies nur mit Katamaranen und Trimaranen möglich ist. Sollte die Tragflügeltechnik weiterentwickelt werden, sind neue Rekorde zu erwarten. Die erwähnten Geschwindigkeitsgrenzen treffen für diese Bootskonzeption nicht zu. Bei einem guten Zusammenspiel aller Faktoren sind Geschwindigkeiten von 40 kn nicht auszuschließen.

Ein vergleichsweise sehr günstiges Verhältnis von Segelfläche zur Gesamtmasse haben die Surfbretter. Es verwundert daher nicht, daß einige ausgefeilte Brettypen, verbunden mit einer artistischen Meisterschaft ihrer Segler, sich im Geschwindigkeitsvergleich immer weiter nach vorn schieben. Solche Hochgeschwindigkeitsbretter wiegen bei einem Rauminhalt von maximal 100 l nur 8 bis 9 kg und tragen bis 8 m^2 Segelfläche. Die nach modernsten aerodynamischen Kenntnissen profilierten Langlattensegel aus leichten Folien erzeugen große Vortriebskräfte bei geringen Krängungskräften. Um das zu erreichen, sind die Latten unmittelbar hinter dem Mast relativ weich, während ihr sehr steifer hinterer Teil dem Segel eine saubere Abströmung garantiert. Es ist nur eine Frage der Zeit, bis mit derartigen Surfbrettern im Zusammenhang mit der weiterentwickelten sportlichen Technik ihrer Beherrscher 75 km/h und mehr erreicht werden.

Eine neue Tendenz zeichnet sich für die leichten bis mittleren Winde ab, die bisher beim Brettsegeln nur geteilte Freude brachten. Mit enorm weit ausgestellten Segeln, besonders im oberen Bereich, und Flächen von 10 m^2 und mehr kann auch bei diesen Winden der Geschwindigkeitsrausch erreicht werden. Begünstigt wird das durch den geringen Seegang bei solchen Wetterverhältnissen. Bild 124 zeigt ein Surfbrett dieser Generation. Das Segel ist aus einer sehr dünnen Klarsichtfolie hergestellt und mit Streifen aus dem sehr steifen Kevlar lastliniengerecht verstärkt. Auch die wenigen Latten sind sehr leicht. Steht nun auch noch ein leichtes Brett zur Verfügung, können auch bei einem Wind von 6 bis 8 m/s schon Geschwindigkeiten von 15 kn und mehr erreicht werden.

Überhaupt hat sich das Segelsurfen sehr stark entwickelt. Schätzungen besagen, daß es auf der Welt schon mehr als eine Million Segelbretter gibt. Der großen Gruppe der *Gleitbretter* steht eine wachsende Anzahl von *Verdrängungsbrettern* gegenüber, die insbesondere bei leichten Winden vorteilhaft sind. Daneben existieren die *Sinkbretter*, zu denen das erwähnte Hochgeschwindigkeitsbrett gehört. Diese Bretter sind ohne Bewegung nicht in der Lage, den Segler zu

Bild 125. Einrumpfyacht der Zukunft

tragen. Erst durch den dynamischen Auftrieb bewegt sich das Brett nach einem Wasserstart nach oben und beginnt seine rasende Gleitfahrt. Eine übergreifende Gruppe schließlich sind die *Funboards*, mit denen gesegelt und gesprungen werden kann. Vom Fliegen über 20 m und mehr bis zum Salto mortale, alles das ist mit diesen Geräten möglich.
Die Anzahl der Typen, Konzeptionen und Riggvarianten ist nicht mehr zu übersehen. Immer neue Erkenntnisse und Ideen werden angewendet. Der Surfsport ist mittlerweile eine weltweit bedeutende Sportart geworden, und der kommerzielle Bereich dehnt sich immer noch weiter aus. Es scheint so, als werde in diesem Sport schon heute ein Stück Zukunft in die Tat umgesetzt.
Wie aber wird die Zukunft des Yachtsegelsportes aussehen?
Die meisten Menschen werden zukünftig in ihren Wünschen nach modernen windgetriebenen Fahrzeugen noch stärker als bisher mehrere Interessen zu beachten haben. Die schnellen Regattaboote, die nur für diesen Zweck zu verwenden sind, werden nach wie vor nicht die Mehrzahl der Sportboote ausmachen. Lang- und Wanderfahrten, Urlaubsreisen, Fahrten zur Entspannung am Wochenende werden eine noch größere Rolle spielen als heute.
Bild 125 zeigt ein *Einrumpf-Kielboot mit zwei Flügeln*, das das für den Erholungssport wichtige Sicherheitskriterium gut erfüllen könnte. Die Funktionsweise dieser Flügel entspricht dem im Bild 107 dargestellten Prinzip. Das Segeltuch ist beiderseitig an diesen Holmen befestigt. Im geborgenen Zustand liegen die Holme auf dem Deck. Im aufgeholten Zustand werden die Flügel aufgespannt, die sich durch Drehen des inneren Mastes profilieren lassen. Das gesamte System ist außerdem noch einmal gegenüber dem Rumpf drehbar, in einem bestimmten Winkelbereich um die Längsachse sogar frei drehbar. Die dem Wind angepaßte richtige Profilierung und der optimale Anstellwinkel der Flügel werden hydraulisch eingestellt. Beim Wenden auf dem Kreuzkurs pendeln die Flügel frei in dem genannten Winkelbereich und stellen sich auf dem anderen Bug genau in dem gleichen Anstellwinkel ein. Eine Automatik sorgt dafür, daß die innere Mastdrehung auf dem anderen Bug für die nun entgegengesetzte Profilierung sorgt. Das Nachstellen erfolgt wieder hydraulisch per Hand. Ist für den Amwindkurs die richtige Stellung und Profilierung der Flügel gefunden, braucht bei konstanten Windverhältnissen beim Kreuzen also nur das Ruder bedient zu werden. Auf raumen Kursen werden die Flügel weiter aufgefiert, wobei der Winkelbereich der freien Drehbarkeit vergrößert

Bild 126. Einmann-Gleitboot

wird. Dadurch sind auch Halsen möglich. Auf dem Vorwindkurs können die Flügel zu verschiedenen Seiten ausgestellt und arretiert werden. Bei aufkommendem Sturm werden die Flügel zunächst symmetrisch profiliert und mit sehr kleinem Anstellwinkel gefahren. Ist auch dann noch die Krängungskraft zu groß, wird eine Arretierung gelöst, und die Flügel können sich frei einstellen. Mittels einer Niederholevorrichtung werden die Holme vom Cockpit aus nach unten gezogen. Es bleiben die relativ dünnen inneren Masten stehen. Mittels eines batteriegespeisten 50-kW-Elektromotors kann die Fahrt zum Hafen vorgenommen werden. Der Ballastkiel ist als Flügelkiel gestaltet und macht die Yacht bei vertretbarem Tiefgang unkenterbar.
Der gesamte Rumpf ist in Sandwichbauweise hergestellt. Zwischen der inneren und der äußeren Schale aus Kunstharz-Faser-Laminat befindet sich eine Hartschaumschicht, deren Gesamtvolumen so groß ist, daß das Fahrzeug auch im vollgelaufenen Zustand unsinkbar bleibt. Über mehr als die Hälfte des Decks ist eine geteilte, durchsichtige Fläche gespannt, die beiderseitig versenkt werden kann. Bei schönem Wetter und

leichten Winden kann daher die Plicht weitgehend offenbleiben. Bei schwerem Wetter läßt sich diese Fläche auch über dem Steuermannscockpit vollkommen schließen, so daß kein Spritzwasser eintreten kann. Im vorderen Bereich ist das Deck eben und dadurch gut begehbar. Eine Klarsichtkuppel im Bugbereich bietet auch im Vorschiff gute Sichtverhältnisse.
Infolge der hervorragenden hydrodynamischen Eigenschaften des Rumpfes, seiner geringen Massen und der guten aerodynamischen Effektivität der beiden Flügel kann das Boot bis zu 30° Kurswinkel zum wahren Wind segeln. Die Krängung ist vertretbar und macht den Kreuzkurs zu einem schnellen und gut zu überwindenden Kurs.
In welche Richtung sich *kleine Gleitfahrzeuge* entwickeln könnten, zeigt das Bild 126. Der Rumpf besteht aus einem Vollschaumkörper mit Kunstharz-Faser-Laminat an der Oberfläche. Er ist extrem leicht und wiegt einschließlich Schwert und Ruder 30 kg. Durch das Gesamtvolumen von 300 l ist er unsinkbar und sicher. Der etwa 3,50 m lange Körper ist vorn scharf und hinten breit. Die größte Breite beträgt 1,80 m. Das Unterwasserschiff hat im hinteren Teil eine konkave Form, die diesen Bootsteil katamaranähnlich macht. Das Langlattensegel aus Folie im Spinnenschnitt hat eine Fläche von 10 m^2 und ist nach modernsten Erkenntnissen profiliert und mit dem Mast verbunden. Die große Mastvorkrümmung wird durch ein Spannen mittels eines Gabelbaumes erreicht. Am Ende des Gabelbaumes befindet sich außerdem eine Schotführung. Infolge des guten Profils des Segels und der großen Breite des Rumpfes kann das Krängungsmoment von einer etwa 75 bis 80 kg schweren Person kompensiert werden.
Das Fahrzeug macht etwa bis Windstärke 3 Bft. gute Verdrängungsfahrt und beginnt bei zunehmendem Wind mit dem Gleiten. Als Höchstgeschwindigkeit werden 25 kn erwartet. Spritzwasser läuft durch das offene Spiegelheck sofort wieder ab, auch bei schwachen Winden. Aus Masseersparnisgründen ist der Mast mit zwei Wanten und einem Vorstag gestützt und am Bootsrumpf gelenkig gelagert. Wegen seiner geringen Gesamtmasse von etwa 40 kg kann das Boot bequem auf einem Autodach transportiert werden. Wegen seiner sichtbaren Verwandtschaft zu Surfbrettern soll es als „Surfjolle" bezeichnet werden. Der Schwachpunkt dieser Konzeption wird der Vorwindkurs sein. Dieser kann nur durch Kreuzen effektiv überwunden werden. Dazu ist jedoch eine Windstärke von mindestens 3 Bft. erforderlich.
Anhand des bisher Dargestellten kann man sich auch neue Konzeptionen für windgetriebene Land- und Eisfahrzeuge vorstellen. Das würde jedoch den Rahmen dieses Buches sprengen und bleibt daher dem Leser überlassen.
Die Nutzung des Windantriebes in der kommerziellen Schiffahrt ist und bleibt mit vielen Fragezeichen versehen. Es ist daher schwer vorauszusehen, welche Konzeption sich für welchen Zweck durchsetzen wird. Neue Werkstoffe, neue Technologien und neue Erkenntnisse haben schon oft die technische Entwicklung anders als vorhergesagt beeinflußt. Manchmal waren es auch politische oder administrative Gründe, die eine neue Richtung eingeleitet haben.
Die Nutzung des Windes für Sport und Freizeit wird jedoch weiter an Bedeutung gewinnen. Es ist abzusehen, daß auf immer mehr Binnengewässern Verbrennungsmotoren als Bootsantrieb rundweg verboten werden. Schon deswegen ist es lohnend, sich auch weiterhin mit dem Wind und seiner Ausnutzung für Windschiffe zu beschäftigen.

Literaturverzeichnis

[1] *Hölzel, W.:* Klipperschiffe des 19. Jahrhunderts. Rostock: VEB Hinstorff Verlag 1976

[2] *Scharnow, U.:* Einfluß der hydrometeorologischen Faktoren auf die Fahrt des Schiffes und ihre Bedeutung für die Wetterroutung. 15. Intern. Tagung der Ingenieurhochschule für Seefahrt Warnemünde/Wustrow 1985, Tagungsmaterial Arbeitsgruppe 1, S. 38–48

[3] *Gerschler, S.:* Zu einigen Ergebnissen energiewirtschaftlicher Rationalisierungsmaßnahmen in der Handelsflotte. 15. Internat. Tagung der Ingenieurhochschule für Seefahrt Warnemünde/Wustrow 1985, Tagungsmaterial Arbeitsgruppe 1, S. 34–37

[4] *Moeck, E.; Strickert, H.:* Energieökonomie im Schiffsbetrieb. 15. Internat. Tagung der Ingenieurhochschule für Seefahrt Warnemünde/Wustrow 1985, Tagungsmaterial Plenum, S. 9–21

[5] *Baur, M.; Meyne, K.-J.:* Das Grimsche Leitrad, Berichte und Erfahrungen. Hansa 121 (1984) H. 8, S. 673–683

[6] *Laue, U.; Lüsch, J.; Schönknecht, R.:* Geschwindigkeitsregelung auf Frachtschiffen beim Zulauf zum Seehafen. 15. Intern. Tagung der Ingenieurhochschule für Seefahrt Warnemünde/Wustrow 1985, Tagungsmaterial Arbeitsgruppe 1, S. 49–52

[7] *Collatz, L.; Laudan, J.:* Das asymmetrische Hinterschiff. Modellversuche, Erfahrungen und hydrodynamische Ursachen für die Leistungsersparnis. In: Jahrbuch der Schiffbautechn. Gesellschaft. Bd. 78, S. 149–165. Berlin, Heidelberg, New York: Springer-Verlag 1984

[8] *Marchaj, C. A.:* Segeltheorie und -praxis. Bielefeld: Delius, Klasing & Co. 1971, S. 398

[9] *Krjučkov, Ju. S.; Perestjuk, I. E.:* Kryl'ja okeana (Schwingen des Ozeans). Leningrad: Izdatel'stvo „Sudostroenie" 1983

[10] *Scharnow, U.; Risch, H.:* Renaissance der Windjammer? In: Jahrbuch der Schiffahrt 1982, S. 137. Berlin: transpress VEB Verlag für Verkehrswesen

[11] *Prager, H. G.:* F. Laeisz – vom Frachtsegler bis zum Bulk-Carrier. Herford: Koehlers Verlagsgesellschaft m. b. H. 1974

[12] *Marchaj, C. A.:* Aerodynamik des Segelns. Bielefeld: Delius, Klasing & Co. 1982

[13] *Ernst, H.:* Für und Wider, ein Fahrensmann zum Frachtsegler in spe. In: Jahrbuch der Schiffahrt 1982, S. 149. Berlin: transpress VEB Verlag für Verkehrswesen

[14] *Villiers, A.:* Auf blauen Tiefen. München: Rütten u. Loening 1967

[15] *Bernaerts, A.; Kurmis, V.:* Rahmenbedingungen für Handelsschiffe mit Windantrieb. Hansa 119 (1982) H. 15/16, S. 974–978

[16] *Risch, H.:* Zur Nutzung des Windes für den Schiffsantrieb. Wiss. Beiträge der Ingenieurhochschule für Seefahrt Warnemünde/Wustrow 1984, H. 2, S. 28

[17] *Prandtl, L.:* Strömungslehre. Braunschweig: Verlag Friedr. Vieweg & Sohn 1957

[18] *Prölss, W.:* Zur Frage der Wirtschaftlichkeit von windangetriebenen Handelsschiffen. In: Jahrbuch der Schiffbautechn. Gesellschaft. Bd. 61, S. 36–54. Berlin, Göttingen, Heidelberg: Springer-Verlag 1967

[19] *Wagner, B.:* Fahrtgeschwindigkeitsberechnung für Segelschiffe. In: Jahrbuch der Schiffbautechn. Gesellschaft. Bd. 61, S. 14–35. Berlin, Göttingen, Heidelberg: Springer-Verlag 1967

[20] *Rieder, I.:* Das Routen von Segelschiffen. Hansa 122 (1985) H. 15/16, S. 1601–1603

[21] *Schlör, K.:* Behelfs-Besegelung von Frachtern – eine Möglichkeit des Energiesparens? Schiff & Hafen/Kommandobrücke 33 (1981) H. 5, S. 18

[22] Sailing Tanker „SHIN AITOKU MARU". Japan Marine Machinery Development Association, September 1981

[23] Ergebnisse der Nachfolgestudie über die „SHIN AITOKU MARU". Schiff & Hafen/Kommandobrücke 37 (1985) H. 7, S. 35–37

[24] Der Segelantrieb für Schiffe ist weiter aktuell. Schiffsbetriebstechnik 107 (1984) H. 3, S. 17

[25] Progress with sail assistance. The Naval Architect Jan. 1984, S. E37–E40

[26] Progress with sail assistance. The Naval Architect March 1985, S. E127–E129

[27] Cousteau tests aspirited cylinders. Marine Propulsion Dec. 1983/Jan. 1984, S. 33–38

[28] Zweites Versuchsschiff mit Segelrotoren für Cousteau. Seewirtschaft 17 (1985) H. 8, S. 142

[29] *Burmester, H.:* Wieder mit dem Wind? Schiff & Hafen/Kommandobrücke 31 (1979) H. 10, S. 907–910

[30] Rotosail to enter commercial service on 445 dwt ship. Schiff & Hafen/Kommandobrücke 37 (1985) H. 7, S. 34/35

[31] *Wagner, C.:* Weiterentwicklung des Flettner-Rotors zum modernen Windzusatzantrieb. In: Entwicklungen in der Schiffstechnik. Statusseminar des Bundesministeriums für Forschung und Technologie. Köln 1985, S. 44–68

[32] Bummeln unter Segeln. Yacht 83 (1986) H. 3, S. 6/7

[33] *Fiedler, A.:* Windnutzung zur Energie- und Treibstoffeinsparung. Hansa 118 (1981) H. 6, S. 543

[34] *Risch, H.:* Segeleinrichtung für den 17-m-Kutter der Fischwirtschaft der DDR. Seewirtschaft 16 (1984) H. 6, S. 299

[35] *Schenzle, P.:* Neue Segelschiffe für Indonesien. In: Jahrbuch der Schiffbautechn. Gesellschaft. Bd. 77, S. 135–153. Berlin, Heidelberg, New York: Springer-Verlag 1983

[36] Urlauberschiff unter Segeln. Seewirtschaft 18 (1986) H. 6, S. 309

[37] La propulsion éolienne? Navires, Ports et Chantiers 37 (1986) Nr. 429, S. 70–75

[38] *Risch, H.:* Untersuchungen zur Eignung von Windantriebsanlagen. Unveröff. Forschungsbericht, Ingenieurhochschule für Seefahrt Warnemünde/Wustrow 1985

[39] *Kaier, K.; Czink, F.:* Heizen mit Windenergie. Teil B. Forschungsbericht T 83-131, Bundesministerium für Forschung und Technologie Bonn 1983

[40] *Krjučkov, Ju. S.; Mikitjuk, W.; Snamenski, E.:* Ispol' zuja veter ... (Getrieben vom Wind ...). Morskoi Flot 1985, H. 7, S. 48–51

[41] *Bowles, G.:* The Fan Rig. Commercial Sail. AYRS publication 14, S. 13–16

Sachwörterverzeichnis